知りたい！サイエンス

ベンゼン環、それは
6個の炭素と
6個の水素からできた
正六角形の分子である。
ベンゼン環を持つ化合物は
大きな安定性と
特異な反応性を持ち、
有機物の中でも
重要な位置を占める。
ベンゼン環を究めることは
有機化学、ひいては
化学全般を究めることに通じる！

ベンゼン環の化学

身近な化学からノーベル賞まで

齋藤勝裕＝著

JN128538

技術評論社

はじめに

　化学には多くの分野がありますが、有機化学はその中でも特に大きく広い分野ということができるでしょう。この様な有機化学の全分野を一冊の本で紹介するのは困難なことです。

　本書の特色はその様な困難を克服したことにあります。その秘密はベンゼン環です。ベンゼンは有機化学を代表する分子です。本書はこのベンゼンにキーワード、水先案内人として活躍してもらうことによって、この200ページ足らずの本の中で、有機化学の全分野を紹介することに成功したのです。

　本書で紹介するのは、化学の基本中の基本である原子構造から始まって、原子が結合によって作る分子の構造、その分子が行う各種化学反応という古典的で有機化学の基礎とも言うべき事象から始まります。

　そこで留まっていないのが本書のもう一つの特色です。本書は現代化学を支える理論とも言うべき量子化学、分子軌道法を解り易く、楽しく解説します。さらに、現代化学の最先端である超分子化学までをサラッとした形で紹介します。

　有機化学の基礎から最先端までをこれほど何気ない顔でわかりやすく紹介した本はかつて無かったと自負いたします。

　最後に本書出版に並々ならぬ努力を払って下さった技術評論社の菊池陽太氏に感謝いたします。

平成30年12月　齋藤　勝裕

目次

はじめに 2

第1章 ベンゼンの特徴

1. ベンゼンの性質と特徴 8
2. ベンゼン誘導体 11
3. ベンゼンの存在と製法 14
4. ベンゼンの有用性 17
5. ベンゼンの毒性 20

第2章 ベンゼン環の構造

1. 有機分子と有機化合物 24
2. 原子構造 26
3. 原子の電子構造 29
4. 原子軌道 32
5. 混成軌道 35
6. 化学結合と分子構造 39
7. ベンゼンの構造 46
8. 分子のエネルギーと量子化学 50
9. 分子軌道法 54

第 3 章 ベンゼンの安定性

1. ベンゼンの分子軌道 60
2. ベンゼンと芳香族性 63
3. 芳香族化合物 66
4. ベンゼンと紫外可視吸光スペクトル 70
5. 分子の発光と発色 76
6. その他のスペクトルとベンゼン 79

第 4 章 ベンゼンの反応

1. ベンゼン環の反応性 86
2. 芳香族置換反応 88
3. 反応の配向性 92
4. ベンザインの反応 96
5. 置換基の反応 100
6. カップリング合成 102

第 5 章 ベンゼン環を含む小分子

1. ベンゼン環を連結した分子 106
2. 医薬品 109
3. 毒物 114
4. 爆薬 120
5. 色素 122

第6章 ベンゼン環を含む高分子

1. 天然巨大分子とベンゼン環.................................128
2. 低分子と高分子...131
3. ポリスチレンの性質と用途.................................134
4. 工業用プラスチック（エンプラ）.........................137
5. フェノール樹脂...139

第7章 ベンゼン環からなる新素材

1. ダイヤモンドとグラファイト..............................144
2. グラフェン...147
3. 炭素繊維..150
4. カーボンナノチューブ......................................154
5. フラーレン...157

第8章 ベンゼン環化学のこれから

1. 導電性高分子..162
2. 有機太陽電池..166
3. 有機EL...171
4. 有機超伝導体..175
5. 一分子機械..181

参考文献	189
索引	190

COLUMN コラム一覧

異性体について	10
ベンゼンの構造	16
致死量	21
有機分子の形	58
光による化学反応	73
昇華	74
平面構造と立体構造	87
有機金属化合物	104
神経細胞	113
光学異性体	119
染料	123
毒物の強さ	126
炭化水素の炭素数	133
アダマンタン	146
複合素材	153
一分子自動車レース	188

第1章 ベンゼンの特徴

ベンゼンの性質と特徴

　本書はベンゼンについて、ベンゼンの全てについてご説明する本です。ベンゼンという言葉はよく耳にしますが、ベンゼンとはどのような物なのでしょうか。

ベンゼンは有機物

　ベンゼンは物質の名前です。物質は分子の集合体です。分子というのは複数個の原子が結合してできた構造体のことをいいます。

　物質は大きく有機物と無機物に分けることができます。昔は生命体が作る物、あるいは生命体を構成する物を有機物といいました。しかしその後、有機物の殆どは生命体に無関係に作ることができることが明らかになったことによって、有機物の考えも変わってきました。

　現在では炭素原子Cを含む分子のうち、一酸化炭素CO、二酸化炭素CO_2などのように簡単な構造のもの、あるいはダイヤモンド、C_{60}フラーレン等のように炭素原子だけでできたものを除いたもの全てを有機分子、有機化合物、あるいは有機物といいます。そして、それ以外の分子を無機化合物、あるいは無機分子といいます。

　その結果、有機分子を構成する原子はその多くが炭素CとHであり、それ以外は酸素O、窒素N、硫黄Sなどであり、原子の種類としては少なくなります。それに対して無機分子を構成する原子は炭素を含めて

全ての原子であり、周期表に載っている全ての原子となります。ところが有機分子と無機分子の種類の数を比べると、有機分子の種類が少ないどころか、恐らく、有機分子の方が多いと思われるのが有機分子の不思議です。

ベンゼンは炭素原子Cと水素原子Hからできた分子であり、典型的な有機物、有機分子です。ベンゼンのように炭素と水素だけからできた分子を炭化水素ということがあります。

ベンゼンの特徴

1気圧の下、室温でベンゼンは液体です。水のように無色透明ですが、特有の石油のような匂いを持ちます。ベンゼンの仲間は一般に芳香族化合物とよばれますが、決して芳香と言われるような良い匂いではありません。

ベンゼンの融点は5.5℃、沸点は80.1℃ですから、寒い時には凍って水のようになり、加熱すれば簡単に気体になります。このため引火性が強いので、火気のあるところでの使用には十分な注意が必要です。

また比重は0.877と水より軽く、水にはほとんど溶けません。したがって水とベンゼンの混合物を激しく振った後、放置すると二層に分離します。上層がベンゼン層、下層が水層です。

ベンゼンは多くの有機物を溶かしますが化学反応性は低いので、有機化学反応の溶媒としてよく用いられます。

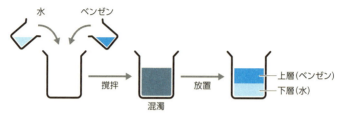

図1-1 ▶ ベンゼンと水を混ぜると…

異性体について

　有機分子には、それを構成する原子の種類と個数（分子式）は同じなのにその並び方（構造式）が異なるというものがあり、そのような物を互いに**異性体**と呼びます。図の分子、A、Bは異性体です。分子式は共にC_4H_{10}ですが、構造式が異なります。AとBは性質も反応性も異なり、互いに異なる分子です。このような異性体の個数は炭素数が4個の時には図の2個ですが、炭素の個数が増えるにつれて、表に示したように爆発的に増加します。

図1-2 ▶ C_4H_{10}の2種類の異性体

表1-1 ▶ 炭素数と異性体の個数の関係

分子式	異性体の個数
C_4H_{10}	2
C_5H_{12}	3
$C_{10}H_{22}$	75
$C_{15}H_{32}$	4,347
$C_{20}H_{42}$	366,319

2 ベンゼン誘導体

　有機物には膨大な種類があり、その個数を数えるのは不可能ですが、ベンゼンはその様な有機物の中で最も良く知られたものの一つと言って良いでしょう。

ベンゼンの構造式

　分子を作る原子の種類と個数を表した記号、式を分子式といいます。ベンゼンの分子式はC_6H_6であり、これは6個の炭素原子と6個の水素原子から出来ていることを表します。分子において原子がどのように並んで結合しているかを表した図、式を構造式といいます。

　ベンゼン分子は6個の炭素原子が結合して作った炭素環の炭素に1個ずつの水素原子が結合したもので、その分子構造は図1-3のAに示したものです。構造については次章以下でくわしく見ることにしますので、ここではベンゼンは六角形の化合物で、炭素−炭素間は一重結合（−）と二重結合（＝）が一つ置きに連続していることに注目してください。

　有機物の分子構造では一般にCとHの元素記号は省略しますので、ベンゼンはBで表すのが一般的です。また、一重結合、二重結合も省略してCのように六角形の中に○を書いて表すこともあります。

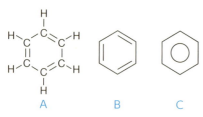

図1-3 ▶ 3種類のベンゼン表記方法

 ベンゼン誘導体の例

　ベンゼンの構造を特にベンゼン環と呼ぶことがあります。そしてベンゼン環を持つ有機物を一般にベンゼン誘導体と呼びます。

　有機化学では特定の原子団を置換基と呼びます。最も単純な置換基としてメチル基CH_3がありますが、ベンゼン環にメチル基が1個ついた化合物をトルエンと呼びます。2個つくとキシレンとなりますが、キシレンにはメチル基の位置関係によってオルトキシレン、メタキシレン、パラキシレンの三種があります。このように置換基の位置の違った分子を互いに位置異性体、あるいは配向異性体と呼びます。異性体は互いに性質が異なり、異なった分子です。

　ヒドロキシ基OH、アミノ基NH_2、ニトロ基NO_2、カルボキシル基$COOH$、ビニル基$CH=CH_2$がついたものをそれぞれフェノール、アニリン、安息香酸、ニトロベンゼン、スチレンと呼びます。

　何個ものベンゼン環が縮合した（くっついた）ものもあり、2個縮合したものをナフタレンと呼びます。3個縮合したものには縮合位置の違いによってアントラセンとフェナントレンがあります。

　ベンゼン環は置換基になることもありますが、この場合にはフェニル

基と呼ばれます。ビフェニルはフェニル基が２個結合したものです。

この様にベンゼン環を持った化合物は一般に芳香族化合物と呼ばれることがありますが、芳香族化合物にはベンゼン環を持たないものもあるので注意が必要です（第３章）。

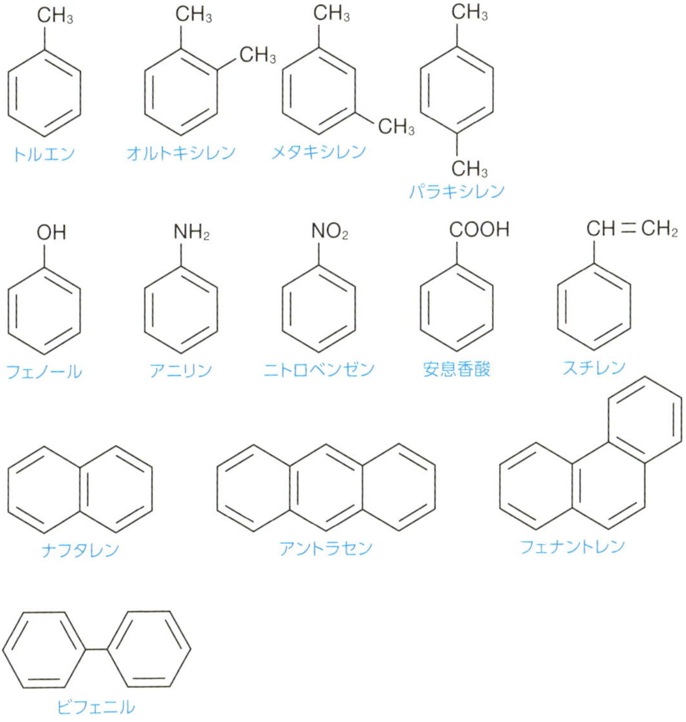
CH3
トルエン
CH3
CH3
オルトキシレン
CH3
CH3
メタキシレン
CH3
CH3
パラキシレン
OH
フェノール
NH2
アニリン
NO2
ニトロベンゼン
COOH
安息香酸
CH＝CH2
スチレン
ナフタレン
アントラセン
フェナントレン
ビフェニル

図1-4▶ベンゼン誘導体

3 ベンゼンの存在と製法

　ベンゼンは自然界に存在する物質ですが、化学工業における重要な原料ですので、工業的にも生産されています。日本におけるベンゼンの2016年度生産量は約400万トン、工業消費量は約200万トンとなっています。

自然界での存在

　ベンゼンが最も多く存在するのは石油中であり、石油1L当たり4gほど存在すると言われます。

　ベンゼンは非常に安定な化合物であり、多くの有機物には各種の反応の後、ベンゼン誘導体に変化する傾向があります。このため、炭素の豊富な素材が不完全燃焼するとベンゼンが発生する可能性があり、火山噴火や森林火災あるいはタバコの煙にも含まれます。

ベンゼンの工業的製法

　第二次世界大戦以前は、製鉄産業において石炭からコークスを生成する際の副産物としてベンゼンが生産されました。また石炭蒸し焼きによる一酸化炭素を主成分とする都市ガス製造過程でもベンゼンが発生します。このため、都市ガスを製造した工場跡地において、ベンゼンによる土壌汚染や地下水汚染が起こって問題になることがあります。

しかし現在ではベンゼンの9割以上は石油化学工業で生産されています。その方法には以下のようないくつかの方法が有ります。

a 接触改質

沸点が80 ℃〜200 ℃の炭化水素の混合物を水素ガスと混合し、500 ℃、8気圧〜50気圧で塩化白金あるいは塩化ロジウム触媒を作用させるものです。

b 水蒸気クラッキング

原油から得られるナフサなどを高温の水を用いて分解すると分解ガソリンとともにベンゼンを副生します。

c トルエンの脱アルキル化

トルエンを水素と混合させ、クロム、モリブデンまたは酸化白金触媒に500 ℃〜600 ℃、40気圧〜60気圧で作用させるとベンゼンが発生します。

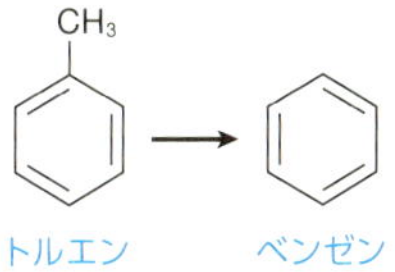

図1-5 ▶トルエンの脱アルキル化

d トルエンの不均化

トルエン2分子を反応させるとメチル基が移動してベンゼンとキシレンを生成します。このような反応を一般に不均化反応と言います。

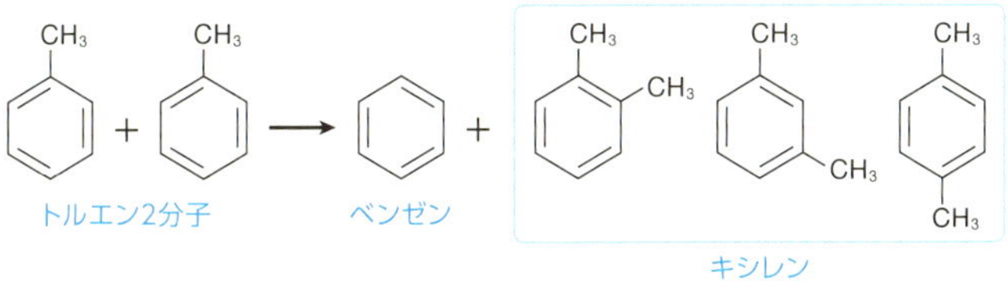

図1-6 ▶トルエンの不均化

e ヘキストワッカー法

アセチレンガスを赤熱した鉄触媒あるいは石英触媒に反応させると3分子のアセチレンが重合してベンゼンになります。

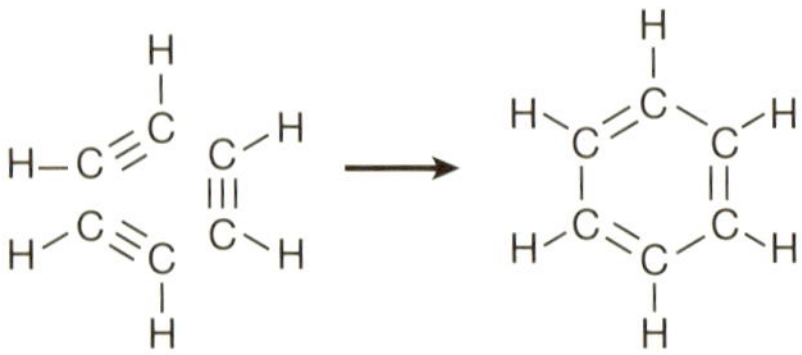

アセチレン3分子 → ベンゼン

図1-7 ▶ ヘキストワッカー法

COLUMN ベンゼンの構造

ベンゼンの構造が六角形の亀の甲羅型であることはあまりに有名ですが、この構造が最初に提出されたのは1865年のことで、提出したのはドイツの化学者ケクレでした。

当時、ベンゼンの分子式がC_6H_6であることは知られていましたが、この12個の原子がどのような順で結合しているかは不明でした。ケクレは外出で馬車に揺られている時に大きな原子が小さな原子を引き連れて飛び回る夢を見て、炭素が結合して鎖状化合物を作ることを思いついたといいます。

その後、自宅の暖炉の前で居眠りをしている時にヘビが自分の尾に噛みついて回っている夢を見てベンゼンの環状構造を思いついたのだそうです。偉大な発見が夢のお告げであったというといかにも安易なようですが、そのような夢を見るためには思いつめた探求に明け暮れた毎日があったからであることはいうまでもありません。

4 ベンゼンの有用性

　ベンゼンそのものを一般の方が目にしたり触れたりすることはほとんど無いと言って良いでしょう。しかしベンゼン誘導体には多くの種類があり、それらは私たちに日常生活の隅々にまで広く行き渡っています。

日常生活に溶け込むベンゼン誘導体

　スーパーで刺身を乗せる白い容器や、梱包の緩衝材に使われる白いプラスチックは発泡ポリスチレンですが、これは先に見たスチレンから作ったものであり、ベンゼン環をたっぷり含んでいます。ペットはベンゼンに2個のカルボキシル基がついたテレフタル酸を原料にしたプラスチックです。

　フェノール（図1-4）は酸性なので日本名を石炭酸といい消毒剤として用いられます。安息香酸（図1-4）は防腐剤として食品保存に用いられます。解熱鎮痛剤として100年以上の歴史を誇るアスピリンも、筋肉鎮痛剤として知られるサリチル酸メチルもベンゼン誘導体です。

　中性洗剤は一般にアルキルベンゼンスルホン酸ナトリウムといわれるもので、図1-8に示したようにベンゼン環を持っています。

　これだけではありません。ベンゼン環は私たちの体の中にもあるのです。私たちの体はタンパク質からできていますが、そのタンパク質を作るアミノ酸にも、フェニルアラニンやトリプトファンのようにベンゼン環を

持つものがあります。またチロキシンやアドレナリンのようなホルモンも
ベンゼン環を持っていることが知られています。

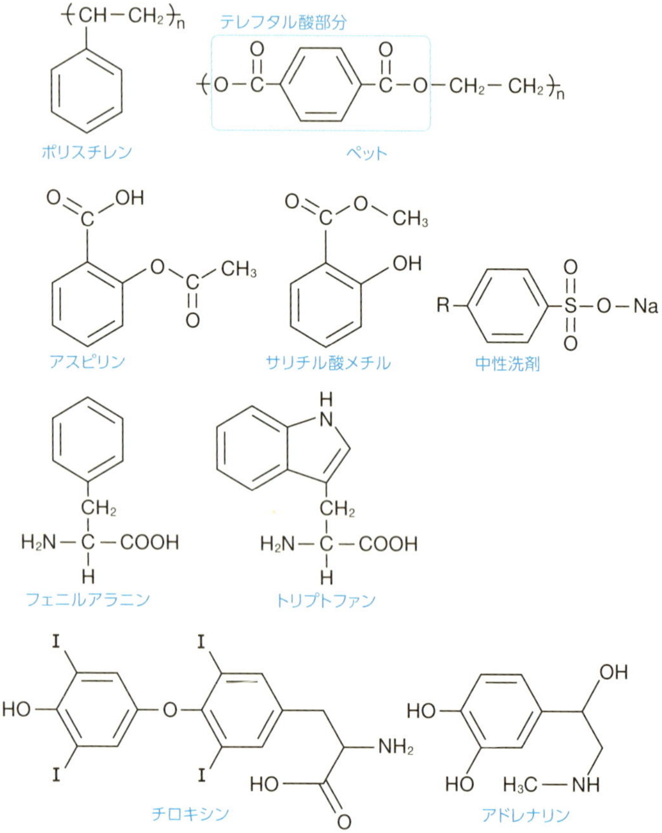

ポリスチレン

ペット（テレフタル酸部分）

アスピリン

サリチル酸メチル

中性洗剤

フェニルアラニン

トリプトファン

チロキシン

アドレナリン

図1-8 ▶ 身の回りにあるベンゼン環を含む化合物

化学産業を支えるベンゼン誘導体

　ベンゼンは化学産業においても重要な役割を演じています。まず、前項で見たベンゼン誘導体を合成するためにはその原料としてベンゼンを始めとした各種ベンゼン誘導体が必要です。それだけでもベンゼン誘導体の重要性がわかろうというものです。

　また、その合成化学反応の溶媒としてベンゼンが必要なことは先に見た通りです。塗料関係においてもベンゼン、トルエンは業務用希薄剤（シンナー）の原料として欠かせません。プラスチックのペットや発泡ポリスチレンはベンゼン骨格をタップリと含んでいます。また、耐熱性や機械的強度が高いため各種機械の原料として用いられる工業用プラスチック（エンプラ）の多くもベンゼン環を有しています。

　工業用とは言えないかもしれませんが、典型的な爆薬として知られるトリニトロトルエン（TNT）はトルエンを原料として合成されます。

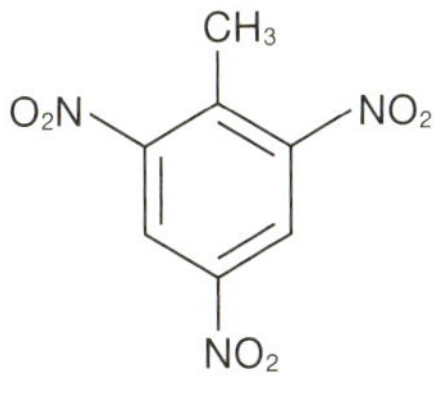

図1-9 ▶トリニトロトルエン

5 ベンゼンの毒性

ベンゼン誘導体は非常に有用な有機物であり、自然界、生体内、家庭内、工業関係に無くてはならない物質ですが、実は有害な一面もあります。

有毒性

ベンゼンには毒性があることが知られています。それも、急性毒性・慢性毒性のどちらもがあるのです。まず、皮膚に触れると皮膚炎や水疱などが起こることがあります。

ベンゼンの半数致死量（LD_{50}）は 4.7 g/kg であり、分類上は弱い毒性（食塩と同じ程度の毒性）とされます。しかしベンゼンにはLD_{50}だけでは測りきれない毒性があるようです。

ベンゼンは揮発しやすい液体ですので、ベンゼン中毒は主にベンゼン気体を吸引することによって起こります。しかしベンゼンは呼吸だけでなく、皮膚からも吸収され、神経系をはじめとする全身性の中毒を引き起こすことが知られています。

ベンゼン中毒は、軽度な場合には吐き気や嘔吐、頭痛、めまいなどが起こる程度ですが、重症になると不整脈や意識障害、けいれんなどが起き、命にかかわることがあります。

そして重度になると、骨髄の造血幹細胞に影響を与え、貧血や白血

球減少などの造血障害が起こるとされます。また中枢神経系に大きな損傷、および骨髄への慢性的な損傷を与え、さらに発がん性を持つことも知られています。

致死量

　成人男性が毒物を飲んで命を落とした時、その時に飲んだ毒物の量を経口致死量といいます。しかしこの量は、飲んだ人の個体差、健康状態などに影響されます。そこでこのような影響を消去するために考案されたのがLD_{50}(Lethal Dose 50)です。これはマウスなどの検体（例えば100匹）に毒を与えます。その量（服薬量）が少ない時には死ぬ検体はいません。量を増やすと死ぬ検体が現われ、ある量に達した時には半数、50％の検体（50匹）が死に、最終的には全ての検体が死んでしまいます。この半数が死んだ時の服薬量をLD_{50}と言います。単位はg/kgですが、これは検体の体重1kg当たりの服用量（g）を表します。

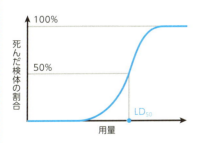

図1-10 ▶ 毒性の強さを表すLD_{50}

毒性の例

　1960年ごろ、大阪のビニールサンダル製造者の間で慢性ベンゼン中毒が流行した事実があります。これは接着剤の溶剤として使われたベンゼンを慢性的に吸入し続けたことによって起こったものでした。被害者は造血器系の傷害（白血病等）を受け死亡しました。

　この事象を契機としてベンゼンの毒性・発癌性が問題視されるようになり、有機溶剤としては代替品で毒性の比較的低いトルエンやキシレンが使用されるようになりました。しかし、これら代替溶剤は故意の吸入（いわゆるシンナー遊び）という、別の弊害を生むことになり、若者を蝕むということで大きな社会問題となりました。

　2006年には英国などの諸外国で清涼飲料水から低濃度ながらベンゼンが検出されたため、10 ppb[*1]を越える製品の自主回収が要請されました。生成の原因は保存料である安息香酸と酸化防止剤であるビタミンCの反応によるものとされています。日本でも70 ppbを超える濃度の製品が検出され、自主回収が要請されました。

　また東京築地の市場移転の際、新市場の豊洲の地中からベンゼンが検出され、問題となりました。これは、豊洲には以前都市ガス製造工場があり、都市ガス製造時に発生するベンゼンが地中に浸みこみ、土壌汚染や地下水汚染を起こしたことによるものでした。

[*1] 濃度を表す尺度にはパーセント（％）、ppm、ppbなどがよく用いられます。パーセントは1/100、ppmは1/100万、ppbは1/10億です。つまり名古屋市（人口200万人）に2人の特定の人がいるとその濃度は1 ppmであり、インド（人口10億人）に1人の特定の人がいるとその濃度は1 ppbというわけです。

ベンゼン環の構造

1 有機分子と有機化合物

　本書では有機物、有機分子、有機化合物という言葉をあえて区別しないで使ってきました。化学にはこのように区別の難しい術語が幾つかあります。ここで見ておきましょう

分子と化合物

　複数個の原子が結合してできた構造体を分子といいます。水素分子 H_2、酸素分子 O_2、オゾン分子 O_3、一酸化炭素 CO、二酸化炭素 CO_2、ベンゼン C_6H_6 などいろいろあります。

　このうち、ただ一種類の元素からできた分子を単体、複数種類の元素からできた分子を化合物というのです。したがって H_2、O_2、O_3 は分子であると同時に単体であり、他の分子は分子であると同時に化合物ということになります。

　従って有機分子は全てが少なくとも炭素や水素など二種類以上の元素からできていますから化合物です。したがって有機分子と言おうと、有機化合物と言おうと問題ないことになります。どちらも正しいのです。しかし有機物という場合はもう少し範囲が広く、単一種類の有機分子だけではなく、複数種類の有機分子の混合物を指すこともあります。

同素体と異性体

単体のうち、同じ元素からできた物を互いに同素体といいます。O_2 と O_3 は同素体ということになります。

炭素は単体の種類が多いことで知られています。ダイヤモンド、黒鉛（グラファイト）、グラフェン、フラーレン、カーボンナノチューブなど、本章で扱う素材の多くは互いに同素体ということになります。

いっぽう、第1章で見たように、化合物でも分子式は同じで構造式の異なるものがあり、これらを互いに異性体といいます。有機化合物の種類が多いことの理由は異性体の種類が多いことによると言っても良いでしょう。

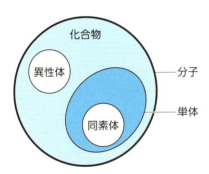

図2-1 ▶ 物質の分類

2 原子構造

　ベンゼンの性質、反応性を明らかにするためにはベンゼンの分子構造を明らかにする必要があります。分子は原子から出来ています。つまり、分子構造を明らかにするにはまず原子構造を明らかにする必要があります。

原子核と電子

　原子は雲でできた球体のようなものです。雲のように見えるのは電子（記号e）であり、電子雲とも言われます。1個の電子は-1単位の電荷を持ちます。しかし、電子の重さは無視できるほど小さいです。

　電子雲の中心には小さくて重い（密度が大きい）原子核があります。原子の化学的性質は電子雲によって支配され、原子核は化学的性質や化学反応に関与することはほとんどありません。

　原子核は陽子（記号p）と中性子（記号n）という二種の粒子からできています。陽子と中性子は、電気的性質が全く異なります。つまり、陽子は+1単位の電荷をもちますが、中性子に電荷はありません。ところが重さはほぼ等しく、相対的な重さを表す質量数という単位を用いると質量数は陽子、中性子共に1となります。これに対して電子の質量数は0となります。

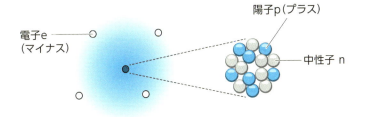

図2-2 ▶原子の構造

 原子番号と質量数

　原子(核)を構成する陽子の個数をその原子の原子番号(記号Z)といいます。つまり、原子核は+Zに荷電していることになります。原子は原子番号に等しい個数の電子を持ちます。つまり、電子雲は-Zに荷電しています。この結果、原子核と電子雲の電荷が釣り合うので、原子は電気的に中性ということになります。

　また、陽子と中性子の個数の和を質量数(記号A)といいます。原子番号は元素記号の左下、質量数は左上にそれぞれ添え字として表記する約束になっています。

 同位体

　炭素は陽子を6個持っているので原子番号は6となります。しかし、同じ炭素原子でも、中性子の個数は原子によって異なります。多くの炭素原子は6個の中性子を持ち、質量数12(^{12}C)ですが、中には7個の中性子持つ^{13}Cや8個の中性子を持つ^{14}Cも、非常に少ない割合ですが存在します。このように、原子番号が等しくて質量数の異なる原

子を互いに同位体と言います。

したがって同位体は互いに異なる原子です。それに対して原子番号の同じ原子（同位体）をまとめて元素というのです。つまり、炭素原子の種類は少なくとも3個（^{12}C、^{13}C、^{14}C）以上ありますが、炭素という元素はただ1個しかないのです。これが原子と元素の違いです。

自然界に存在する元素の種類は水素H（Z=1）からウランU（Z=92）までの90種類[*1]ですがそのすべての元素が同位体を持つことが知られています。

表2-1 ▶ 電子、陽子、中性子の電荷と質量数

名称		記号	電荷	質量数
原子	電子	e	$-e$ (-1)	0
	原子核 陽子	p	$+e$ ($+1$)	1
	中性子	n	0	1

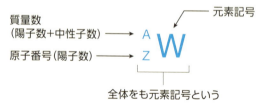

図2-3 ▶ 元素記号の表記方法

[*1] 原子番号43のテクネチウムTcと61のプロメチウムPmは自然界に存在しないといわれます。

3 原子の電子構造

前項で見たように、原子の性質や反応性を支配するのは電子です。原子には原子番号に等しい個数だけの電子が存在します。炭素なら6個です。これらの電子が、原子の中でどのような状態になっているのか？それが、原子の反応性を考えるうえで決定的に重要です。原子中の電子の状態、それを原子の電子構造と呼びます。

電子殻

原子を構成する電子は電子殻に入っています。電子殻は原子核の周囲に層状に存在する球殻状の容器のようなもので、内側から順にK殻、L殻、M殻…などKから始まるアルファベットの名前がついています。各電子殻には収容できる電子の個数が決まっています。K殻は2個、L殻は8個、M殻は18個などです。

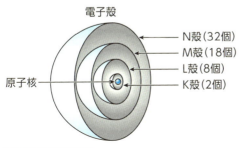

図2-4 ▶ 電子殻の構造

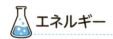 エネルギー

　エネルギーは仕事の元ですが、熱、光、電力など、いろいろの形をとるという特色があります。私たちの日常生活にはいろいろのエネルギーがついて回りますが、身近に意識できるものに位置エネルギーがあります。位置エネルギーは位置の高度に関係し、高いほど高エネルギーとなり、不安定です。つまり、1階よりは2階の方が高エネルギーで不安定です。

　エネルギーにはエネルギー保存則とも言われる熱力学第一法則が働きます。したがって2階にいる人が1階に飛び降りると、そのエネルギー差ΔEが放出され、それが行う仕事によって飛び降りた人は脚を折ることになります。電子の場合にも同じように考えることができます。つまり高エネルギー状態の電子が低エネルギー状態に移動すると、電子はそのエネルギー差ΔEを放出し、この放出エネルギーΔEが発熱、発光、化学反応など、様々な現象を引き起こすのです。

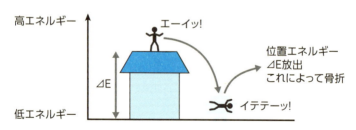

図2-5 ▶位置エネルギーの高低と放出

原子のエネルギー

原子にもいろいろのエネルギーがありますが、化学にとって重要なのは電子の持つ電子エネルギーです。電子エネルギーは位置エネルギーと同じように、電子が所属する電子殻によって異なります。つまり各電子殻は固有のエネルギーを持っているのです。電子殻のエネルギーはK殻＜L殻＜M殻と、原子核から離れるほど高エネルギーとなり、不安定となります。

電子のエネルギーは本章と次章のメーンテーマとなりますから、注意しておいてください。

電子はエネルギーの低い電子殻から順に入ってゆきます。したがって水素原子はK殻に1個の電子、炭素原子はK殻に2個、L殻に4個の電子を持つことになります。

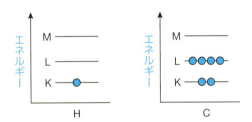

図2-6 ▶水素と炭素の電子状態

4 原子軌道

電子殻をより詳細に見ると、電子殻は軌道からできていることが分かります。つまり、電子殻を学校の学年としたら、軌道は同じ学年のクラスのようなものと考えることができます。同じ学年（殻）でも、理系もあれば文系もあります。それによって試験の平均点（エネルギー）が多少違ってきます。このように同じ電子殻（学年）がさらに細かい軌道（クラス）に分かれているのです。

軌道の形

すなわち、K殻は1個の1s軌道、L殻は1個の2s軌道と3個の2p軌道からできているのです。各軌道は特有の形をしています。1s軌道、2s軌道などのs軌道はお団子のような球形です。それに対してp軌道は2個のお団子を串に刺したみたらしのような形です。

3個のp軌道の違いは串の方向です。串がx軸方向、y軸方向、z軸方向を向いたものをそれぞれp_x、p_y、p_z軌道と呼ぶのです。これらの軌道は原子に属する軌道なので一般に原子軌道と呼ばれます。後に出てくる分子軌道と対比されるものです。

電子殻の場合と同じように各軌道にも定員がありますが、この定員は全ての軌道に対して2個となっています。

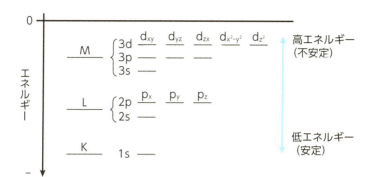

図2-7 ▶原子軌道

軌道のエネルギー

　電子殻と同じように軌道も固有のエネルギーを持っています。それは図に示した通りです。つまり、1s＜2s＜2p軌道という順序です。電子はエネルギーの低い軌道から順に入りますから、水素原子は1s軌道に1個、炭素原子は1s軌道に2個、2s軌道に2個、2p軌道に2個入ることになります。

　このように、電子がどの軌道に入るかを表したものを一般に電子配置と呼びます。電子配置の表し方の一例を図に示しました。この図では1個の○が1個の軌道を表し、エネルギーの順に並んでいます。そして1本の矢印は1個の電子を表します。

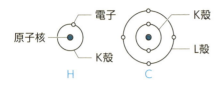

炭素と水素の電子配列

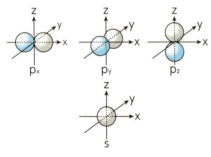

軌道の形

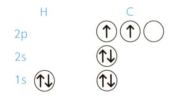

電子軌道

図2-8 ▶原子軌道

5 混成軌道

原子が分子を作るときには軌道に入った電子を用います。したがって、どの軌道に入った電子を用いるかによって結合の性質は異なり、結果的に分子の構造、性質、反応性も異なってきます。

炭素原子は結合を作るときに、s軌道やp軌道などの原子軌道をそのままの形で用いることはありません。原子軌道を再編成して作った新しい軌道を用いるのです。このような軌道を混成軌道と言います。原子の結合は互いの軌道を重ね合うことによって生成しますが、混成軌道を用いると強固な重ねあわせができ、強い結合ができることによって分子が安定するのです。

炭素の混成軌道にはsp^3（エスピースリーあるいはエスピー3）、sp^2（エスピーツーあるいはエスピー2）、sp混成軌道という3種類の混成軌道があります。

sp^3混成軌道

sp^3混成軌道は1個の2s軌道、3個の2p軌道からできた混成軌道で、全部で4個あります。1個の混成軌道はボーリングのピンのように、一方向に大きく突き出た形をしています。4個の混成軌道は原子核を中心にして互いに109.5°の角度で交わります。これは海岸に置いてある波消ブロック（テトラポッド）に似た形となります。つまり、各軌道は正四

面体の頂点方向を向くのです。

炭素の4個のL殻電子は4個のsp³混成軌道に1個ずつ入ります。

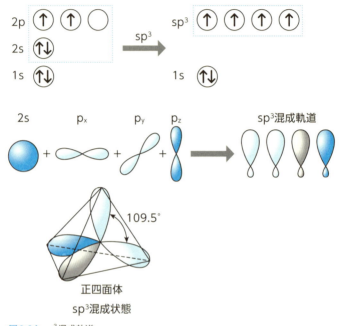

図2-9 ▶ sp³混成軌道

sp²混成軌道

1個の2s軌道と2個の2p軌道からできた軌道で、全部で3個あります。各混成軌道の形はsp³混成軌道とほぼ同じです。3個の混成軌道は一平面上に互いに120°で交わります。

sp²混成軌道状態の炭素で問題になるのは、3個ある2p軌道のうち、混成軌道に関係するのは2個だけであるということです。つまり1個の

2p軌道は混成軌道と無関係に、2p軌道のまま残るのです。sp^2混成軌道状態の炭素原子を図に示しました。

混成しなかった2p軌道

残った2p軌道は、3個の混成軌道が乗る平面を垂直に貫くように立っています。sp^2混成軌道の炭素ではこの2p軌道が大変に重要な働きをします。特にベンゼンのように二重結合がたくさんある分子では決定的な働きをするのですが、そのことに関しては徐々に詳しく説明することにしましょう。炭素のL殻の4個の電子は3個のsp^2混成軌道と1個の2p軌道にそれぞれ1個ずつ入ります。

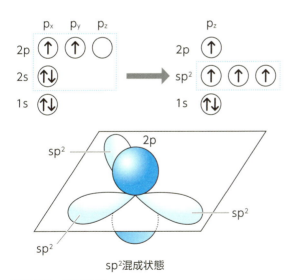

図2-10 ▶ sp^2混成軌道

sp混成軌道

1個の2s軌道と1個の2p軌道から成る軌道です。2個の混成軌道は互いに反対向きになって交わります。混成軌道に関係しなかった2p軌道が2個残りますが、それは図に示したように、互いに90°の角度で交わる（直交する）ように配置されます。

炭素のL殻電子は2個の混成軌道と2個の2p軌道にそれぞれ1個ずつ入ります。

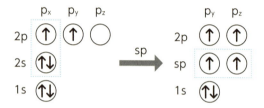

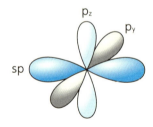

sp混成状態

図2-11 ▶ sp混成軌道

6 化学結合と分子構造

　原子は結合して分子を作ります。結合にはいくつかの種類がありますが、ベンゼンなど有機化合物を作る結合はほとんどが共有結合です。そこで、本書では共有結合についてのみ見てゆくことにします。

水素分子の結合

　共有結合の典型的な例は水素分子の結合です。2個の水素原子から水素分子ができる過程を見てみましょう。

　2個の水素原子が近づくと、互いの1s軌道が接触し、重なります。更に近づくと2個の1s軌道は合体して1個の大きい軌道になります。この過程は2個のシャボン玉が合体して大きなシャボン玉になる過程を連想すれば良いでしょう。2個の水素原子が持っていた2個の電子は新しい軌道に入ります。この結果、電子は2個の水素原子核を囲む空間に収まることになります。

　図はこのような状態を模式的に表したものです。プラスに荷電した原子核とマイナスに荷電した電子の間には静電引力が発生します[*2]。つまり、2個水素原子核は2個の電子をあたかものりのようにして接合することになります。この電子を特に 結合電子（雲） と言うことがあります。

[*2] プラスの電荷を帯びた粒子とマイナスの電荷を帯びた粒子の間には引力が働き安定化します。これを静電引力と言います。反対に、プラスとプラス、マイナスとマイナスのように同じ電荷を帯びた粒子の間には反発力が生じて不安定化します。これを**静電反発**といいます。

つまり、2個の水素原子は結合して水素分子になったのです。この結合は2個の原子が互いに出し合った2個の電子を共有してできたものと解釈することができます。そのため、この結合を共有結合というのです。合体してできた大きな軌道は水素分子に属する軌道なので特に分子軌道といいます。

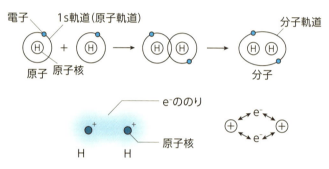

図2-12 ▶水素の分子軌道

σ結合とπ結合

水素原子間の結合は一般に結合電子雲を紡錘形にして表すことができます。この結合は水素原子の片方を回転しても、つまり結合をねじってもその強度に影響は出ません。このような結合を一般にσ（シグマ）結合と言います。

p軌道間の結合を考えてみましょう。この場合には2通りの近づき方があります。

σ（シグマ）結合

2個のp軌道を、互いに相手を軸（串）で刺すようにして近づけてみましょう。原子が近づくとみたらしの1個ずつが重なり、結合ができます。このようにしてできた結合電子雲は紡錘形で表すことができます。この結合は水素分子の結合と同じようにねじっても影響はありません。つまりσ結合です。

σ結合は強い結合であり、分子の骨格を形成する結合です。

π（パイ）結合

今度は2個のp軌道を、互いに軸を平行にして近づけてみましょう。原子が近づくとみたらしの2個のお団子は互いに横腹を接するようにして結合します。この結果、結合電子雲は結合軸の上と下に分かれて存在することになります。

この結合を結合軸の周りでねじったら、結合電子雲は切れてしまいます。つまり結合は切れてしまうのです。このような結合をπ結合といいます。π結合はσ結合に比べて弱い結合ですが、分子の性質や反応性に大きな影響を持つ結合です。特にベンゼンでは決定的に大きな働きをします。

第2章 ベンゼン環の構造

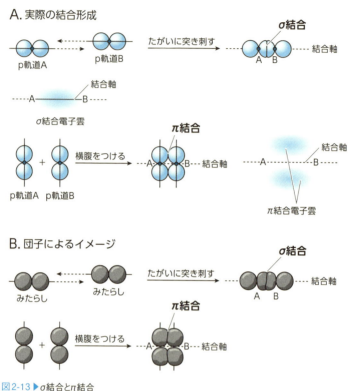

図2-13 ▶ σ結合とπ結合

メタンCH_4の結合

　有機化合物の基本は炭素と水素からなる炭化水素です。メタンCH_4は最も簡単な炭化水素と言うことができるでしょう。

　メタンはその分子式CH_4から見る通り、1個の炭素と4個の水素からできた分子です。問題は炭素の混成軌道状態なのですが、この場合の炭素はsp^3混成軌道状態であることが明らかになっています。つまり

炭素のL殻に存在する4個の価電子は全て4個のsp^3混成軌道に1個ずつ入っているのです。

この結果、メタンでは四面体状態の頂点を向いた4個のsp^3混成軌道に4個の水素の1s軌道が重なることになります。これは炭素原子核を中心として互いに109.5°の角度を持って4個の水素原子が結合した、つまり、波消ブロック状のCH_4立体的分子が成立したことを意味するのです。

この単元で重要なことは、メタンCH_4という分子は、座布団のような平面な分子ではなく、コロッとした立体的な分子であるということです。みなさんの家庭に届けられる都市ガスの大部分は、天然ガスであり、その90%ほどはメタンです。つまり、皆さんのキッチンのガスパイプをひねって出す気体の大部分は、このような可愛らしい？形をした分子の集合体なのです。

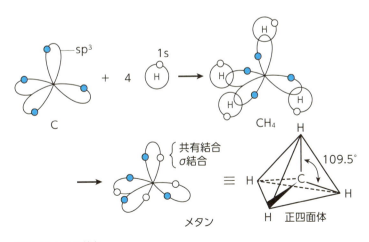

図2-14 ▶ メタンの結合

エチレンの結合

　エチレン$H_2C=CH_2$は2個の炭素と4個の水素からできた分子です。重要な点は2個の炭素が二重結合で結ばれているということです。エチレンの炭素はsp^2混成軌道状態です。炭素のsp^2混成軌道と水素を並べると図のように平面形になります。この状態で混成軌道と水素の1s軌道を重ねるとエチレンの分子骨格が出来上がります。

　問題は炭素にあるp軌道です。エチレンのσ結合ができるとこの2個のp軌道も互いに横腹を接して結合することになります。つまり炭素間にπ結合が生成するのです。この結果、炭素はσ結合とπ結合によって二重に結合したことになります。このような結合を二重結合といいます。

　二重結合の炭素間には紡錘形のσ結合電子雲と、その上下に並んだπ結合電子雲が存在することになります。π結合は普通、細身に書いた2本のp軌道を直線で結んで表します。このπ結合電子雲がベンゼンで非常に重要な働きをすることになります。

　この様に二重結合はπ結合を含む結合であり、π結合は回転できないので二重結合も回転できません。そのため、図に示したエチレン誘導体$C_2X_2Y_2$において、同じ置換基が二重結合の同じ側にあるシス型と反対側にあるトランス型は互いに相互変換することができず、互いに異なった分子、つまり異性体ということになります。

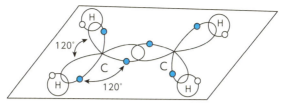
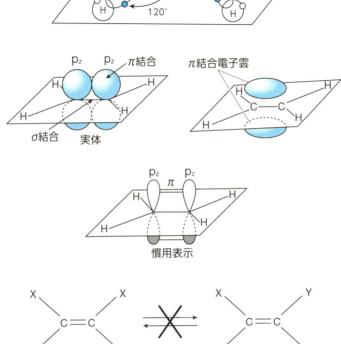

図2-15 ▶ エチレンの結合

第2章　ベンゼン環の構造

7 ベンゼンの構造

　ベンゼンは6個の炭素が環状になって交互に並んだ一重結合と二重結合によって結合したものです。

ブタジエンの結合

　ベンゼンの結合のように、一重結合と二重結合が交互に並んだ結合を全体として共役二重結合といいます。共役二重結合は特殊な結合です。ベンゼンの結合を見る前に、典型的な共役化合物であるブタジエンの結合を見ておきましょう。

　ブタジエンは図2-16のAのような化合物でC_1-C_2とC_3-C_4間は二重結合で、C_2-C_3間は一重結合です。つまりC_1-C_2、C_3-C_4間にはπ結合がありますが、C_2-C_3間にπ結合はありません。

　図Bはブタジエンの4個の炭素のp軌道の重なりを表したものです。4個の炭素は全てsp^2混成状態であり、p軌道を持っています。この炭素を並べると、4個のp軌道は全て横腹を接してπ結合状態になります。つまり、図Aの表現に反してC_2-C_3間にもπ結合が存在するのです。

　図Cはπ結合を忠実に表現したものです。ところがこの図ではC_2、C_3が1本の一重結合と2本の二重結合をしており、全部で5本の結合をしていることになり、不合理です。つまり、ブタジエンの結合状態は古典的な表現法（ケクレ構造式）では正確に表現できないのです。仕

方ありませんので、化学者は次のように約束しました。共役二重結合は図Aで表現する。ただしその意味は図Cの意味を含んだものとする、ということです。

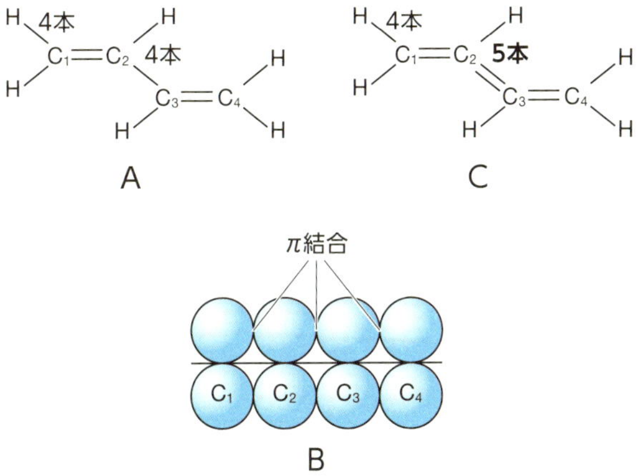

図2-16 ▶ ブタジエンの結合

共役二重結合のπ結合

ところで、ブタジエンのπ結合とエチレンのπ結合は同じものでしょうか？エチレンのπ結合は1本ですが、それを作っているp軌道は2本です。つまりπ結合1本あたり2本のp軌道です。ところがブタジエンのπ結合は3本もあるのにp軌道は4本に過ぎません。π結合1本あたり4/3本のp軌道です。つまり、π結合を作っている原料（p軌道）はブタジエンの方が少ないのです。これはπ結合の強度に違いがあることを意味します。単純に考えればブタジエンのπ結合はエチレンの2/3の

第2章　ベンゼン環の構造

強度しかないことになります。

　図からわかるように、ブタジエンのπ結合は分子の端から端まで切れ目無く繋がっています。このようなπ結合を特に非局在π結合といいます。それに対してエチレンのものは局在π結合です。

	π結合	p軌道	比
エチレン	1本	2個	2
ブタジエン	3本	4個	4/3
ベンゼン	6本	6個	1

H₂C ＝ CH₂　　　　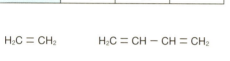　　　　

エチレン　　　　　　ブタジエン　　　　　　　　ベンゼン

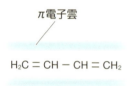

H₂C ＝ CH － CH ＝ CH₂

ブタジエン

図2-17 ▶ π結合との比較

ベンゼンの結合

　ブタジエンの構造が分かればベンゼンの構造はすぐに理解できます。ベンゼンの6個の炭素は全てsp^2混成です。この炭素と6個の水素が図のように軌道を重ねればσ骨格が完成です。そしてブタジエンの場

48

合と同じように6個のp軌道は環状に連なって環状の非局在π結合を作ります。ベンゼンの結合状態は環状のσ骨格の上下に2個のドーナッツ（π結合電子雲）を重ねたものと考えることができます。

普通の構造式ではベンゼンは一重結合と二重結合が交互に並んだものとして書きますが、実はベンゼンの炭素間結合は6カ所すべてで全く同じものです。そしてこの6本のπ結合を作るのは6個のp軌道であり、1本のπ結合に使われるp軌道の個数はエチレンの半分です。このように考えるとベンゼンのC-C結合は1本のσ結合と半本のπ結合からできた1.5重結合といえるかもしれません。

このようなこともあって、最近ではベンゼンの構造式は六角形の中に○を書いて表すことが多くなってきました。

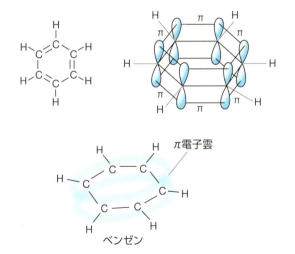

図2-18 ▶ ベンゼンとπ電子雲

第2章 ベンゼン環の構造

8 分子のエネルギーと量子化学

　先に原子が持つ電子殻や軌道のエネルギーを見ました。これらのエネルギーは原子に付属したエネルギーと考えることができます。原子と同じように分子にもエネルギーがあります。このようなことを考える時に役に立つのが量子化学です。簡単に見てみましょう。

結合エネルギー

　分子の持つエネルギーの主なものは結合エネルギーです。結合エネルギーというのは、原子が結合することによって安定化した、つまり低エネルギー化した分のエネルギーを言います。つまり、2個の原子Aが結合して分子A_2になった場合、2個の原子Aのエネルギーと分子A_2のエネルギー差ΔEを結合エネルギーというのです。2個のAが結合してA_2になる時にはΔEが放出され、逆にA_2にΔEを与えるとA_2は分解して2Aになります

結合性軌道と反結合性軌道

　水素分子の結合エネルギーを考えてみましょう。図は水素原子から水素分子ができる時のエネルギー変化を表したものです。横軸は原子間距離です。縦軸は結合電子1個のエネルギーを、1s軌道エネルギーを基準αとして表しています。

グラフの曲線aを見てみましょう。原子間距離が十分に遠い時（rの値が大きいとき）には結合電子は別々の状態で、これは1s軌道電子そのものですから、エネルギーは1s軌道エネルギーαです。αはマイナスの値です。距離が近づくと原子間に引力が働き、分子軌道が発達しますがそれにつれて結合エネルギーが発生してエネルギーは低下してゆきます。そして距離が分子の結合距離r_0となり、分子軌道が完成したときに最低エネルギー$\alpha+\beta$となります。βもマイナスの値ですので、$\alpha+\beta$はαより低いエネルギーになっています。

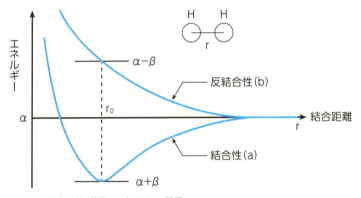

図2-19 ▶結合距離と軌道のエネルギーの関係

つまり、この図で見るとβが結合電子1個あたりの結合エネルギーと言うことになります。水素分子には結合電子が2個ありますから、水素分子全体の結合エネルギーは2βということになります。

距離が更に近づくと今度は原子間の反発が起こってエネルギーは上昇します。

このように、分子の生成に伴ってエネルギーが低下する分子軌道を結合性軌道といいます。

今度は曲線bを見てみましょう。この曲線は原子が近づくと上昇してゆきます。そしてr_0の時に$α-β$となります。つまり、原子状態よりも$β$だけ高エネルギーになっているのです。この分子軌道は原子がいくら近づいてもエネルギーが低下しないので、分子を形成することはできません。このような軌道を反結合性軌道といいます。

水素分子の結合エネルギー

図は、結合距離における結合性軌道と反結合性軌道のエネルギーを表したものです。エネルギーの基準は1s軌道エネルギー$α$です。結合性軌道はそれより$β$だけ低く、反結合軌道は$β$だけ高くなっています。

分子ができると結合電子は分子軌道に入りますが、分子軌道の収容定員は原子軌道と同じく2個です。水素分子の結合電子は2個ですから、この電子はエネルギーの低い結合性軌道に入ります。この結果、電子のエネルギーは$2(α+β)$となり、原子状態の$2α$より$2(α+β)-2α=2β$で、$2β$だけ安定化したことになります。つまり、水素分子の結合エネルギーは$2β$ということになるのです。

水素分子H_2に1個の電子が加わると水素分子陰イオンH_2^-となります。このイオンの結合エネルギーを考えてみましょう。このイオンの結合電子は1個増えて3個になります。1個の軌道には2個の電子しか入れませんから、このイオンの電子の1個は反結合性軌道に入らなければなりません。その結果$\{2(α+β)+(α-β)\}-3α=β$となって結合

エネルギーはH_2の半分となります。

このことはH_2^-は結合エネルギーの小さい不安定なイオンであることを意味します。結合エネルギーが小さいということは結合が弱いということであり、したがって原子間距離も長いということを示唆するものです。

もしもう1個電子が加わってH_2^{2-}となったら、反結合性軌道に2個の電子が入ることになり$\{2(\alpha+\beta)+2(\alpha-\beta)\}-4\alpha=0$となって結合エネルギーが無くなります。これは、このようなイオンは生成しないということを示すものです。

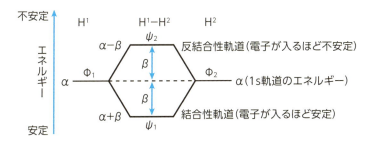

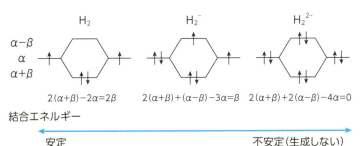

図2-20 ▶水素の結合エネルギー

9 分子軌道法

　水素分子の軌道エネルギーや結合エネルギーを求めたのと同じ手法で有機分子のエネルギーを求めることができます。このような方法を一般に分子軌道法といいます。

エチレンのπ結合エネルギー

　有機分子の結合にはσ結合とπ結合があるので、それに伴って結合エネルギーにもσ結合エネルギーとπ結合エネルギーがあります。ベンゼンのような共役化合物の場合、分子の性質や反応性に大きな影響を及ぼすのはπ結合エネルギーです。

　エチレンのπ結合エネルギーを考えてみましょう。π結合を作るのは2個のp軌道です。したがってエネルギーの基準になるのはp軌道エネルギーです。このエネルギーをα、結合によって安定化したエネルギーをβとすれば、エチレンのπ結合分子軌道のエネルギーは水素分子のものと全く同じことになります。

　つまり、エチレンのπ結合エネルギーは2βということになるのです。

　記号としてはどちらもβですが、水素分子のβとエチレンのβではその値は違います。

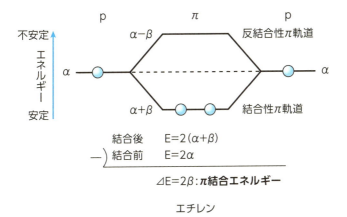

エチレン

図2-21 ▶ エチレンの分子軌道

分子軌道の個数とエネルギー範囲

2個の1s軌道からできる水素分子の分子軌道は結合性軌道と反結合性軌道の合計2個でした。2個の2p軌道からできるエチレンπ結合の分子軌道も2個でした。

このように、分子ができる時には分子軌道ができますが、その個数は分子軌道をつくる原子軌道の個数だけできます。そしてその半分は結合性軌道となり、残り半分は反結合性軌道となります。もしベンゼンのように6個の2p軌道からできたものなら、結合性軌道3個、反結合性軌道3個の合計6個の分子軌道ができることになります。

また分子軌道法によれば、すべての分子軌道のエネルギーは上下4$β$、すなわち($α+2β$)〜($α-2β$)の範囲に収まることが証明されています。これはたくさんのp軌道からできた共役系では軌道エネルギーのエネルギー間隔は非常に狭くなることを意味します。

共役化合物の分子軌道

共役化合物の例としてブタジエンとヘキサトリエンの例を見てみましょう。

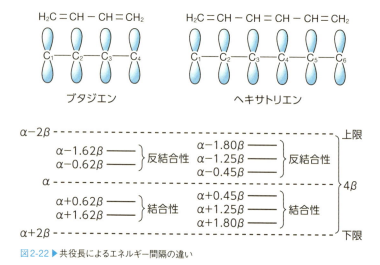

図2-22 ▶ 共役長によるエネルギー間隔の違い

ブタジエンの共役二重結合は4個の2p軌道からできています。つまり、ブタジエンの場合には4個の分子軌道ができ、その半分の2個は結合性軌道、2個は反結合性軌道ということになります。軌道エネル

ギーを図に示しました

　ヘキサトリエンは6個の2p軌道からできているので結合性軌道と反結合性軌道が3個ずつできます。軌道間のエネルギー間隔を見れば、エチレン＞ブタジエン＞ヘキサトリエンと、p軌道の個数が増える、つまり共役二重結合が長くなるにつれてエネルギー間隔が狭くなっていることが分かります。

電子遷移

　分子の電子は光などのエネルギーを貰うと、エネルギーの低い軌道から高い軌道に移動します。これを遷移といいます。軌道のエネルギー間隔が狭いということは、この遷移に要するエネルギーが小さくてよいということになります。これは次章の分子の色彩を考える場合に重要なこととなります。

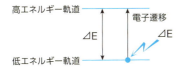

図2-23 ▶ 電子遷移

有機分子の形

　有機分子には多くの種類があり、各々固有の形をしていますが、幾何学的に美しい形をしている物がたくさんあります。

　最も簡単な有機分子であるメタンはテトラポッドのように対称的でコロッとした形です。本書の主題化合物でもあるベンゼンは完全平面の六角形です。キュバンと言う分子は立方体形のまさしくサイコロと言うべき形です。本書146ページで紹介するアダマンタンは不思議な形ですが、これはダイヤモンドの単位構造です。C_{60}フラーレン（157ページ）はサッカーボールと同じ球形ですし、カーボンナノチューブ（154ページ）は円筒形です。

　このような不思議で美しい形の分子が集まって織りなすのが有機化学なのです。どうぞ有機化学を楽しんでください。

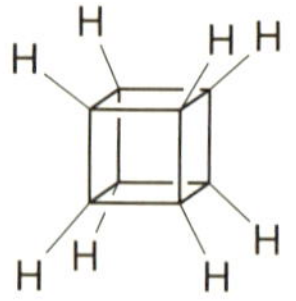

図2-24 ▶ キュバンの構造

第3章

ベンゼンの安定性

1 ベンゼンの分子軌道

ベンゼンは特殊な有機物です。最も特徴的なことは安定であるということでしょう。安定というのは壊れにくい、分解されにくいと同時に反応性に乏しいということにもなります。ベンゼンのこの重要な特徴を明らかにするにはベンゼンの分子軌道を検討する必要があります。

環状共役系の分子軌道エネルギー

前章で、ブタジエンやヘキサトリエンなどの共役系の分子軌道エネルギーを見ました。ベンゼンも共役系の一種ですから、その分子軌道の性質はブタジエンなどと基本的に同じです。つまり、共役系を構成する炭素数と同じ個数の分子軌道を持ち、その半分は結合性でもう半分は反結合性です。

しかし、ブタジエンなどが鎖状化合物なのに対してベンゼンは環状化合物です。そのため、多少の違いが出てきます。分子軌道法によれば、環状共役系の分子軌道エネルギーは簡単な作図によって求めることができます。n個の炭素からなる環状共役化合物（n=6…ベンゼン）の分子軌道エネルギーを求めるには、中心を$E=\alpha$に置いた半径2βの円を描きます。そしてこれに内接する正n角形を作図するのです。この場合、頂点の一つを最も下方、すなわち$E=\alpha+2\beta$に置かなければなりません。このようにすると多角形と円の交点の高さが軌道エネルギーを与えるのです（図3-1）。

ベンゼンの結合エネルギー

　図は上の方法でベンゼンの軌道エネルギーを求めたものです。結合性分子軌道は$α+2β$が1個、$α+β$が2個の3個です。反結合性軌道は$α-β$が2個、$α-2β$が1個の3個です。同じエネルギー$α+β$を持つ軌道が2個ありますが、このように同じエネルギーの軌道を互いに縮重軌道と言います。$α-β$の軌道も縮重軌道です。

　これらの軌道にベンゼンのπ結合電子6個を入れると3個の結合性軌道が満杯になります。この結果、ベンゼンのπ結合エネルギーは$2(α+2β)+4(α+β)-6α=8β$となります。

非局在化エネルギー

　上の計算はベンゼンを構成する6個のp軌道が全てπ結合をしている、つまりπ結合が非局在化しているとして計算したものです。そうではなく、π結合が局在化している、つまり、ケクレの構造図のとおり3カ所は二重結合、3カ所は一重結合となっているとして計算したらどうなるでしょう？

　この場合には3個の独立した二重結合と同じこと、つまりベンゼンの結合エネルギーはエチレンのπ結合エネルギーの3倍、つまり$6β$となります。

　すなわちベンゼンの結合エネルギーは、非局在モデルの場合には$8β$、局在モデルの場合には$6β$です。この違いは何を意味するのでしょうか？これは非局在モデルの方が$2β$だけより安定ということを意味します。このエネルギーを非局在化エネルギーと呼びます。ベンゼンの安

第3章 ベンゼンの安定性

定性はこのように、π結合が非局在化することによって結合エネルギーが大きくなったことに起因していたのです。

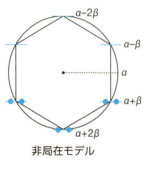

非局在モデル

$$2(α+2β)+4(α+β)-6α=8β$$

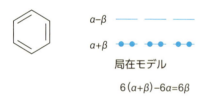

局在モデル

$$6(α+β)-6α=6β$$

図 3-1 ▶ ベンゼンの結合エネルギー

2 ベンゼンと芳香族性

　ベンゼンの安定性の原因は、結合エネルギー以外の面にもあります。それは電子配置です。

シクロブタジエン

　ベンゼンと同じように環状共役化合物であるシクロブタジエンを見てみましょう。この軌道エネルギーは作図によって図のように求められます。つまり最低エネルギー軌道は$\alpha+2\beta$の結合性軌道であり、最高エネルギー軌道は$\alpha-2\beta$の反結合性軌道です。その他に、エネルギーαの縮重軌道が2個あります。このようにエネルギーが基準エネルギーのαに等しい軌道を非結合性軌道と言います。

　軌道エネルギーが基準エネルギーαに等しいということは、この軌道に電子が入ろうと入るまいとπ結合エネルギーに変化は無い、つまりπ結合の強さに何の関係も無いということになります。そのためにこの軌道を結合性軌道でも反結合性軌道でもない非結合性軌道と呼ぶことにしたのです。

シクロブタジエンの電子配置

　シクロブタジエンの電子配置を見てみましょう。この分子のπ電子は4個ですから、最低エネルギーの結合性軌道に2個入り、残り2個は

非結合性軌道に入ります。ところが、2個の縮重軌道に2個の電子が入るときには、1個の軌道に2個の電子が入るのではなく、必ず2個の軌道に1個ずつ入ります。このような電子は電子対を作らない<u>不対電子</u>であり、<u>ラジカル電子</u>とも呼ばれて非常に反応性の激しい電子です。

このため、<u>シクロブタジエンは生成しても直ちに他の分子と反応して変化してしまいます。</u>つまり、反応性が激しいために不安定なのです。実際、シクロブタジエンは多くの化学者の努力にもかかわらず、合成されたためしがありません。

 シクロオクタテトラエン

同じような現象は8員環のシクロオクタテトラエンにも当てはまります。この分子ももし平面形で全てのp軌道が平行になり、非局在二重結合を形成したら、シクロブタジエンと同じように2個の不対電子を持ち、非常に不安定になるはずです。

ところが、賢い？シクロオクタテトラエンは非局在系にならないのです。どのようにして非局在系を避けるかというと、なんと、身をかがめて分子をバスタブのように曲げるのです（図3-2）。

このようにすると8個のp軌道は全てが平行になって連続した非局在二重結合を作ることはできなくなります。つまり、4個のエチレンが環状に並んだ局在二重結合の化合物になってしまうのです。

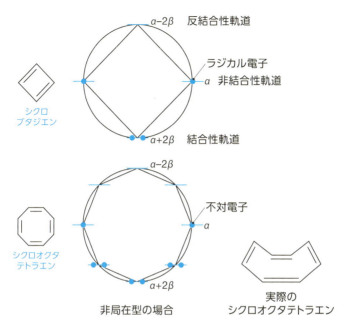

図3-2 ▶ シクロブタジエンとシクロオクタテトラエンの結合エネルギー

ベンゼンの電子配置

　ベンゼンの電子配置を見てみましょう。最低エネルギー軌道、その上の2個の縮重軌道、合計3個の結合性軌道に6個の電子が入っています。つまり、全ての軌道に2個ずつの電子が電子対を作って入り、不安定なラジカル電子は1個も存在しません。このため、ベンゼンは反応性の面からも安定なのです。

　つまり大きな結合エネルギーと非局在化エネルギーの存在に基づくエネルギー的な安定性、およびラジカル電子が存在しないという反応的な安定性、この二つの要因によってベンゼンは安定になっているのです。

3 芳香族化合物

　ベンゼンのように環状共役化合物で、エネルギー的にも電子配置的にも安定な分子を一般に芳香族と言います

芳香族の条件

　ベンゼンの安定性は大きな結合エネルギーの存在とラジカル電子の不存在という二つの原因によって起こるものでした。このうち、結合エネルギーは環状共役化合物ならばどのようなものでも持っています。つまり、環状共役化合物が安定な芳香族でいられるかどうかは主にラジカル電子の有無にかかっているのです。先に見たシクロブタジエンやシクロオクタテトラエンはラジカル電子が存在したために不安定となり、芳香族になることができなかったのです。

　ということは、これらの化合物からラジカル電子を無くせば不安定性は無くなり、芳香族となることが期待できることになります。シクロブタジエンからラジカル電子を無くす方法は無いでしょうか？

ヒュッケル則

　中性の分子に電子を1個加えると1価の陰イオン（アニオン）になり、反対に中性の分子から1個の電子を取り去ると1価の陽イオン（カチオン）になります。同様に2個の電子を加えると2価の陰イオン（ジアニオ

ン)、2個の電子を取り去ると2価の陽イオン (ジカチオン) になります。

シクロブタジエンに電子を2個足してジアニオンにしたらどうでしょう。その電子配置を図に示しました。ジアニオンの電子数は6個ですから、2個の縮重軌道に2個ずつの電子が入り、ラジカル電子は消えています。つまり、このジアニオンは芳香族になったのです。またジカチオンの場合にもラジカル電子は存在しないことがわかります。

それぞれの結合エネルギーを計算してみましょう。図に示したように全ての場合で結合エネルギーは4βです。つまり上で見たように、非結合性軌道に電子が入っても結合エネルギーに差は出ていないのです。

シクロオクタテトラエンはどうでしょうか？電子を2個加えてジアニオンにしたら、2個の不対電子伝は共に電子対となり、ラジカル電子は消滅します。反対に2個のラジカル電子を取り去ってジカチオンにしても良いでしょう。どちらの場合にも芳香族になります。

シクロブタジエンジアニオンのπ電子数は6個です。シクロオクタテトラエンジアニオンの電子数は10個であり、ジカチオンの電子数は6個です。

このことは環状共役化合物で環内に6個あるいは10個のπ電子を持つ物は芳香族になることを意味します。更に検討すると、6個、10個だけでなく、2個、6個、10個、つまり一般に『nを0を含む正の整数としたとき、環内に (4n+2) 個のπ電子を持つ環状共役化合物は芳香族である』という一般則を導くことができます。この法則を発見者の名前をとってヒュッケルの (4n+2) π則といいます。

第3章 ベンゼンの安定性

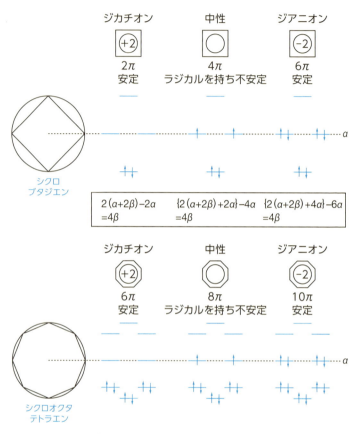

図3-3 ▶ヒュッケル則と安定性

ベンゼン環を持たない芳香族

　ヒュッケル則を満たすものが芳香族だとしたら、芳香族は必ずしも6員環のベンゼン環を持つ必要は無くなります。つまり、4員環でも8員環でも電子配置次第で芳香族になることができるのです。

また、炭素以外の原子を環構成原子として持つ分子でも芳香族になることができます。このような物の典型がピリジンです。ピリジンの窒素原子は原子番号7で7個の電子を持ち、そのうち5個がL殻に入ります。ピリジンの窒素原子はsp^2混成状態であり、その電子配置は図の通りです。つまり、2p軌道に1個の電子を持っているのです。ピリジンではこのp軌道が5個の炭素のp軌道と共に環状共役系を作ります。その結果、π電子数は6個となって芳香族になるのです。

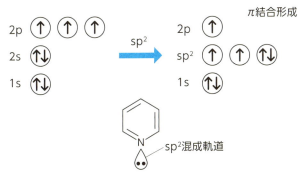

図3-4 ▶ピリジンの芳香族性

4 ベンゼンと紫外可視吸収スペクトル

　ここまでに見てきた共役化合物の軌道エネルギーを直接的に反映する実験結果として紫外可視吸収スペクトルがあります。紫外可視吸収スペクトル（UVスペクトル）は、紫外線や可視光線という光と分子の相互作用を測定したものです。その結果を見てみましょう。

光のエネルギー

　光は電磁波の一種であり、波の性質を持つことが知られています。一般に波は振動数ν（ニュー）と波長λ（ラムダ）を持ちます。そして振動数と波長の積は波の進行速度になります。光の場合は光速cとなります。
$c=\lambda\nu$　（光速）＝（波長）×（振動数）

　光はエネルギー Eを持ちますが、それはプランクの定数hを用いて
$E=h\nu=ch/\lambda$
となります。つまり光のエネルギーは振動数に比例し、波長に反比例するのです。

　図は電磁波の波長とエネルギーおよび、電磁波の一般的な名称を表したものです。人間の眼というセンサーで感知できる電磁波は波長400 nm〜800 nmのものであり、これを可視光線といいます。可視光線は虹の七色の混合光であり、赤は長波長部、紫は短波長部になります。つまり紫の光が高エネルギーなのです。可視光線より短波長部

を紫外線（Ultra-Violet、UV）、更に短波長部をX線と呼びます。これらの電磁波は紫の可視光線より高エネルギーです。反対に可視光線より長波長部を赤外線（Infra-Red、IR）更に長ければ電波と呼びます。赤外線は赤い可視光線より低エネルギーということになります。

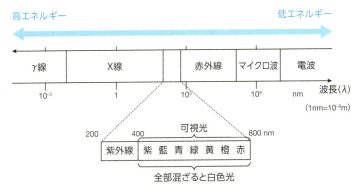

図3-5 ▶ 波長とエネルギー

分子と光の相互作用

分子に光が差し込むと、軌道に存在する電子が光のエネルギーを吸収します。そして吸収したエネルギーの分だけ高エネルギーの別の軌道に移動します。これを電子遷移と言います。

エチレンの場合ならば$E=α+β$の結合性軌道にある電子がエネルギーを吸収して$E=α-β$の反結合性軌道に遷移します。つまり、この際電子は$2β$のエネルギーを持つ光（光子）を選択的に吸収するのです。光を吸収する前の状態を基底状態、光を吸収して高エネルギーになった状態を励起状態と言います。

一般に光を吸収する電子は、電子の入っている軌道のうち、最も高エネルギーの軌道に入っている電子です。この軌道を最高被占軌道（Highest Occupied Molecular Orbital、HOMO）といいます。そしてこの電子は、電子の入っていない軌道のうち、最も低エネルギーの軌道に遷移します。この軌道を最低空軌道（Lowest Unoccupied Molecular Orbital、LUMO）といいます。つまり電子はHOMOとLUMOの間のエネルギー差⊿Eを持った光を選択的に吸収するのです。

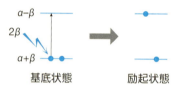

図3-6 ▶ エチレンの基底状態と励起状態

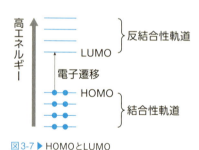

図3-7 ▶ HOMOとLUMO

光による化学反応

　励起状態の分子の電子配置は基底状態の分子と異なっています。これは、分子の化学的性質が基底状態と励起状態では異なっていることを意味します。一般に加熱状態で起こる熱反応では、分子は基底状態にあります。それに対して光を照射された状態で起こる光化学反応は励起状態の分子が起こします。そのため、同じ分子でも熱反応と光反応では全く異なる反応を起こします。例えば7員環化合物のトロピリデンは熱反応では化合物Bに変化しますが、光反応ではAになります。熱反応でAになったり、光反応でBになったりすることは決してありません

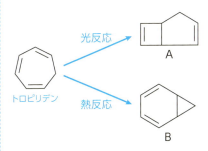

図3-8 ▶ 基底状態と励起状態

　この様な研究を理論的に研究したのがR.B.ウッドワード、R.ホフマンによる「軌道対称性の理論」と福井謙一による「フロンティア軌道理論」でした。この業績によってホフマンと福井は1981年にノーベル化学賞を授与されました。ウッドワードはその前年に亡くなっていたので受賞対象にはなりませんでした。しかしウッドワードは既に1965年に「有機合成における貢献」でノーベル賞を受賞しており、20世紀における最大の化学者と称賛されています。

共役系と吸収波長

2章の最後で見たように、共役系の軌道エネルギーの間隔は共役系が長くなるほど狭くなります。これはHOMO-LUMO間のエネルギー差に関しても同様です。つまり、共役系が長くなればなるほど、その共役系が吸収する光は低エネルギーの光、つまり波長の長い光になるのです（図A）。

図Bは鎖状共役系 $H(CH=CH)_nH$ の紫外可視吸収スペクトルです。山のような曲線はその分子が吸収した光の波長と吸収の強さを表します。共役系が長くなるほど、つまりnが大きくなるほど長波長部の光を吸収していることが如実に現われています。

図Cはベンゼン環が縮合した化合物のスペクトルです。この場合もベンゼン環の個数が増えるほど長波長部に吸収が表れています。

昇華

多くの分子は低温で固体（結晶）ですが、加熱すると融解して液体となり、更に加熱すると蒸発して気体となります。ところが、分子によっては固体を加熱すると、液体状態を通らずに一気に気体になるものがあります。このような変化を昇華といいます。

身近な物質で昇華をするものにナフタレンがあります。ナフタレンはタンスに入れて防虫剤となりますが、これが加熱によって溶けて液体になったら大切な衣類が台無しになります。

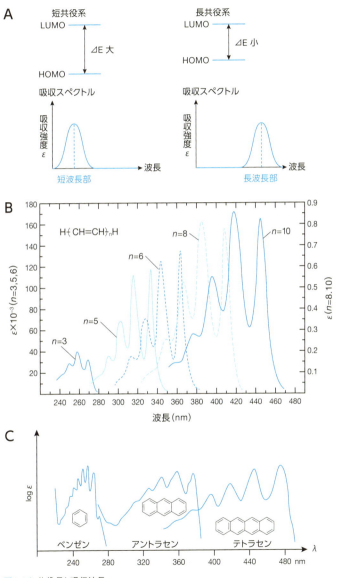

図3-9 ▶ 共役長と吸収波長

5 分子の発光と発色

　原子や分子は光を吸収しますが、反対に光を出す、つまり発光することもあります。

 発光

　原子による発光の典型は**ネオンサイン**でしょう。ネオンサインのガラス管の中にはネオン原子Neの気体が入っており、これが電気エネルギーΔEを吸収して電子が遷移した結果、励起状態になります。しかし励起状態は不安定なので、元の励起状態に戻るときに、先に吸収した電気エネルギーΔEを赤い光のエネルギーΔEとして放出したものです。

　水銀灯も全く同じ原理で発光しますが、水銀の場合にはΔEがネオンより大きいので、発光される光も波長の短い光、つまり青っぽい光になるのです。

　分子にも発光するものがあります。蛍光塗料とか蓄光塗料とか言われるのがそれです。これらの分子に光を照射するとHOMOの電子がLUMOに遷移して励起状態になり、この電子がHOMOに戻って基底状態に戻るときに発光するのです。蛍光灯では水銀が発光した光を管の内側に塗った蛍光塗料が吸収し、それが更に発光した光が私たちの眼に届いているのです。

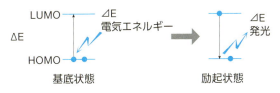

図3-10 ▶共役長と吸収波長

発色

　分子の中には色彩を持っている物があります。顔料や染料はその典型です。このような分子は何故色彩を持っているのでしょう？このような分子も真っ暗闇の状態では目に見えませんから、これらの分子が色彩の付いた光を発光しているのでないことは明らかです

　分子の色彩は、分子の発光によるものではなく、光吸収によるものなのです。

　先に見たように、可視光線は虹の七色からできています。つまり、虹の七色に相当する光を全部集めれば無色の白色光になるのです。もし、この七色の光から、どれか一色を取り除いたら、残りの光は何色になるでしょう？無色ではありえないことは明白です。

　取り除かれた光の色と、残りの光の色の関係を表した図を色相環といいます。これは例えば白色光から青緑色の光 (波長496 nm) を除くと、残りの光は、図において青緑と中心を挟んで反対側にある色、つまり赤に見えるということを示します。同様に赤い光を除けば残りは青緑に見えることを意味します。この時、赤を青緑の補色、同様に青緑を赤の補色といいます。

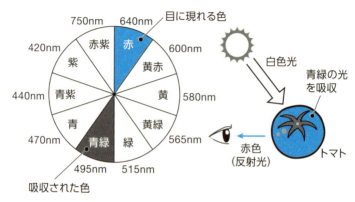

図3-11 ▶ 色相環と補色

　分子は光を吸収します。吸収する光は共役系の長さに関係し、共役系が長くなるとより長波長部の光を吸収します。つまり、色素を作るためには共役系を長くし、可視光線を吸収するようにすれば良いのです。共役系があまり長くなく、可視光線の短波長部、すなわち青の領域を吸収すればその色素は黄や赤になります。反対に共役系が長くて可視光線の長波長部、つまり赤の領域を吸収すればその色素は青くなると言うわけです。

　図3-9で見たベンゼン環が縮合した化合物のスペクトルを見てください。ベンゼンやアントラセンが吸収する光は紫外線であり、可視光線には影響しません。そのため、これらの化合物は無色です。しかしベンゼン環が4個縮合したテトラセンでは青い可視光線の領域を吸収しています。そのため、テトラセンは淡黄色をしています。ところが5個縮合したペンタセンでは可視光線の長波長部、つまり赤い領域を吸収するのでペンタセンは暗青色をしています。

6 その他のスペクトルとベンゼン

　分子の構造や性質を調べるのに各種スペクトルは欠かせません。分子の構造は、顕微鏡はもちろん、電子顕微鏡を用いても見ることはできません。分子の構造を決定するには、先の項で見た紫外可視吸収スペクトルや赤外線吸収スペクトル、核磁気共鳴スペクトルなど、各種のスペクトルを測定し、そのデータをもとに解析しなければなりません。代表的なスペクトルを見てみましょう。

赤外線吸収スペクトル（IRスペクトル）

　赤外線のエネルギーは紫外線や可視光線に比べて小さいです。赤外線を吸収した分子はそのエネルギーを運動エネルギーとして取り入れます。つまり、結合の伸縮や結合角度の変化という運動が激しくなるのです。これらの運動を行うためには、その結合固有のエネルギーが必要です。そのため、赤外線吸収スペクトルを測ると、その分子にどのような結合、更には置換基があるかがわかり、構造決定に重要な知見となります。

　図3-12はベンゼンのIRスペクトルです。IRスペクトルでは光のエネルギー単位として波数（cm^{-1}）を用いるのが慣例です。これは1 cmの間に光の振動の波が幾つあるかを表したもので、波数が大きいことは波長が短い事を意味し、高エネルギーということになります。

ベンゼンでは波数3030 cm^{-1}近辺に大きな吸収がありますが、これはC-H結合の伸縮振動に基づく吸収です。また1660 cm^{-1}〜2000 cm^{-1}に現れる吸収は置換基の結合様式を反映しています。つまり、メチル基を2個持つキシレンでは、先に見たようにその置換基の配向にオルト、メタ、パラの3種がありますが、それぞれ固有の吸収を持ち、これによって判別することができます。

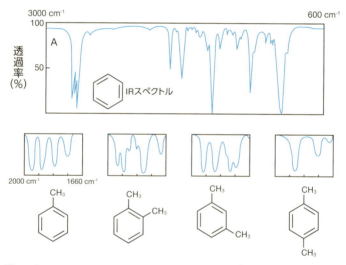

図3-12 ▶ IRスペクトル

核磁気共鳴スペクトル（NMRスペクトル）

NMRスペクトルは分子を超伝導磁石などの強い磁場に置いた状態で電磁波を照射し、その吸収を測定したものです。脳の断層写真を撮るMRIの分子版と思えば良いでしょう。NMRスペクトルでは水素原子

の化学的環境を知ることができます。

図3-13のAはエタノールCH$_3$CH$_2$OHのNMRスペクトルです。横軸はエネルギーの単位です。記号q、bs、tとつけた3種のピーク群があることが分かります。階段状の線は積分線とよばれ、ピーク群の面積比を表したものです。大切なのは、ピーク面積は水素原子の個数に比例するということです。これによってこの分子には3種の水素原子があり、その個数比は2:1:3であることが分かります。つまり、ピークqはCH$_2$、bsはOH、tはCH$_3$に対応するということです。

水素の電子的環境

また、各ピークが現れるエネルギーによって、そのピークに対応する水素の電子的環境を知ることができます。このような情報は分子構造を決定するうえで非常に有用なものです。

図BはベンゼンのNMRスペクトルです。7.2 ppmにただ1本の吸収しかありません。これはベンゼンにはただ一種の水素原子しか無いということを端的に表しています。つまり、ベンゼンの6個の水素は皆等しい環境にあり、なんら違いは無いということです。

図Cはベンゼン環にエトキシ基CH$_3$CH$_2$Oとアミノ基NH$_2$がついたもののNMRスペクトルです。ベンゼン環の水素の化学的環境に変化が現われ、その結果、それぞれが異なったピークを与えていることが分かります。

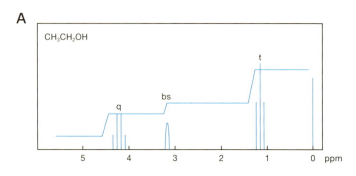
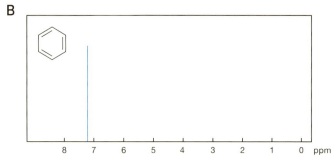
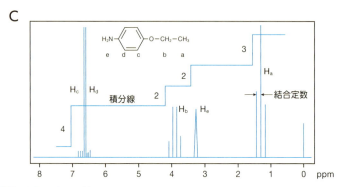

図3-13 ▶ NMRスペクトル

単結晶X線解析

　単結晶X線解析は結晶にX線を照射し、そこから反射してきたX線の干渉像を解析することによって分子構造を明らかにするものです。この手法はその名前の通り、結晶状態の試料にしか応用できないという欠点があります。しかし、解析に成功すれば、分子の構造がまるで写真に撮ったように克明にわかるという、この上なく強力な解析手法です。

　図Aはベンゼン環が7個、環状に縮合したサーキュレンの構造です。本来ならば正六角形のベンゼン骨格がひずんでいることが分かります。

　単結晶X線解析では1個の分子の構造が明らかになるだけではありません。多くの分子が集まって作った結晶の中における各分子の位置関係も明らかになります。図Bはベンゼンの結晶の解析図です。ベンゼン環がいくつも並んでいますが、その並び方が特徴的です。互いに直角方向を向くように並んでいます。これはベンゼンの電気的性質を反映しているのです。ベンゼン環の環内にはπ電子がたくさんあるのでいくぶんマイナスに荷電しています。それに対して水素原子は炭素に電子を渡して幾分プラスに荷電しています。そのため、静電引力によってこのような配置になっているのです。

第3章　ベンゼンの安定性

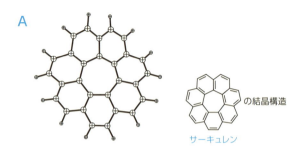

A

サーキュレン の結晶構造

B

特徴的な並び方をするベンゼンの結晶

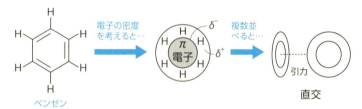

ベンゼン　電子の密度を考えると…　π電子　複数並べると…　引力　直交

図3-14 ▶結晶構造解析

第4章 ベンゼンの反応

第4章　ベンゼンの反応

1 ベンゼン環の反応性

　ベンゼンは有機物の中でも特殊な存在です。その一番の特徴は安定であるということです。安定性の原因は先に見たようにエネルギー的に安定であるということと、反応性に乏しいと言うことが上げられます。

　ベンゼンの安定性はその6π電子を持った環状共役系という分子構造に由来する芳香族性にあります。ベンゼンはこの芳香族性を失うことを嫌います。つまり、芳香族骨格を失うような反応は滅多な事では起こらないということです。

　芳香族骨格を失う反応とは

- a　**環を開いて鎖状分子になる。**
- b　**二重結合を一重結合に変化させる。**

ということです。

　aの反応は激しい反応であり、このような反応は強力な酸化剤による反応のように、特殊な条件でしか起こりません。

　bの反応は主に付加反応です。例えば水素分子がベンゼンの二重結合に付加したとすると、ベンゼンの環状共役構造は崩れ去ってしまいます。また、ディールズアルダー反応のような環状付加反応が起こっても同様です。

　このような理由から、ベンゼン誘導体が起こす反応の多くは<u>置換反応</u>に限られることになります。

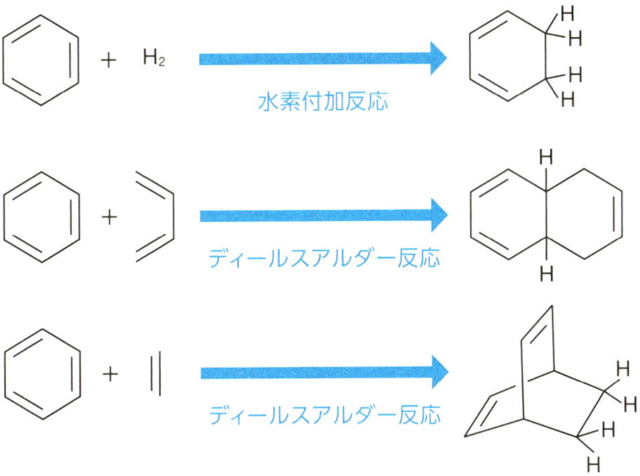

図4-1 ▶ ベンゼンの反応

COLUMN　平面構造と立体構造

　炭素のsp³混成軌道が立体的な正四面体構造であるために、有機化合物の構造は立体的なものになってしまいます。下に示した構造Aは立体的に示したものですが、無理に平面的に示そうとすると構造Bになります。AとBは同じ分子を表します。

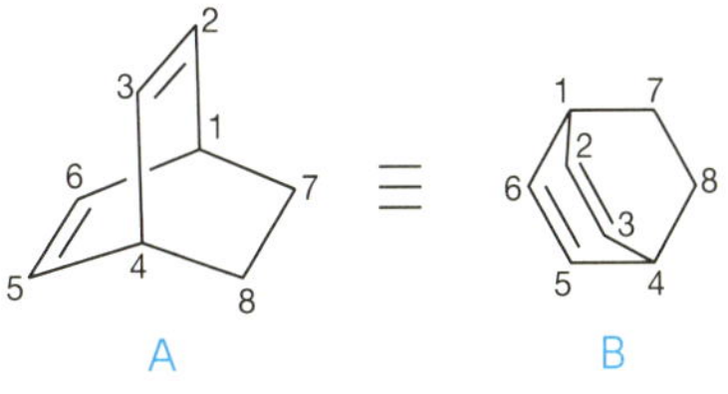

図4-2 ▶ 立体構造と平面構造

2 芳香族置換反応

　置換反応とは、化合物R-Yの置換基Yを他の置換基Xに置き換える反応です。ベンゼンのような芳香族が行う置換反応を特に芳香族置換反応ということがあります。

R-Y + X → R-X + Y

　上述のように一般に置換反応と言うと、置換基Yが新しい置換基Xに置き換わる反応ですが、ベンゼンの場合には違います。ベンゼンについている6個の水素のうちの1個が置換基Xに置き換わります。

R-H + X → R-X + H

求核置換反応と求電子置換反応

　一般に置換反応では、新しい置換基XがR-Yを陰イオンX^-として攻撃する求核置換反応と、陽イオンX^+として攻撃する求電子置換反応の二種類があります。しかし芳香族の反応では専ら求電子置換反応が起こります。これは先に見たようにベンゼンでは炭素環内にπ電子があり、マイナスに荷電していることによるものと考えられます。つまり炭素環と陽イオン試薬X^+の間に静電引力が働くからです。

芳香族置換反応の反応機構

　芳香族置換反応には次項で見るように何種類かの反応があります。

しかしその反応機構は全く同じです。違いは求電子試薬であるX^+種類とその発生の仕方だけです。

そこで、X^+がベンゼンに作用して置換ベンゼンを生じる反応機構を一般化して見ておくことにしましょう。

まずベンゼン1を求電子試薬X^+が攻撃します。すると、X^+が炭素と結合した中間体2が生成します。ここからH^+が脱離すると最終生成物3が生成するのです。化学式になれていない方にも分かりやすいように、1行目の反応式にはベンゼンの構造を丁寧に書いておきました。2行目は教科書などで書かれる普通の書き方です。1行目で原子の挙動が納得できたら、2行目で慣れるようにしてください。

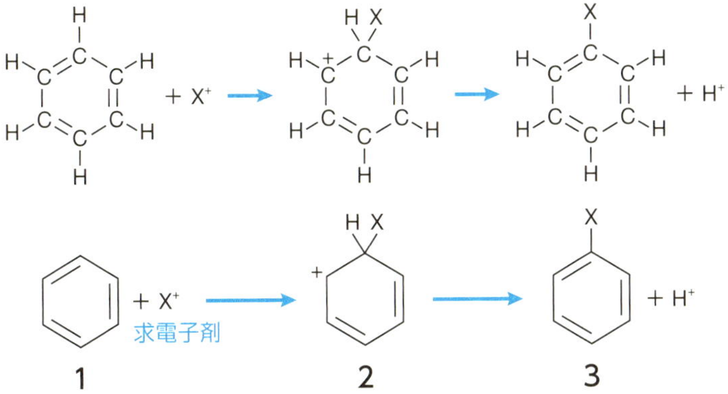

図4-3 ▶求電子置換反応の仕組み

芳香族置換反応の実例

芳香族置換反応には基礎的で良く知られた反応が幾つかあります。

主なものを見てみましょう。ただし、ここで紹介するのは求電子試薬X^+の発生の仕方だけであり、それの反応の仕方は上で見た通りです。

a　ニトロ化

ベンゼンに硝酸と濃硫酸を反応してニトロベンゼンを生成する反応です。X^+に相当するのはNO_2^+です。

b　スルホン化

ベンゼンに濃硫酸を作用してベンゼンスルホン酸を生成します。X^+はSO_3H^+です。

c　塩素化

ベンゼンに塩素Cl_2と塩化鉄$FeCl_3$を反応して塩化ベンゼンを作る反応です。X^+は錯体$[FeCl_4]^-Cl^+$から生じるCl^+です。

d　フリーデル・クラフツ反応

反応の発見者であるフリーデルとクラフツの名前をとった反応です。塩化アルキルRClと塩化アルミニウム$AlCl_3$を反応してアルキルベンゼンを作る反応です。X^+は錯体$[AlCl_4]^-R^+$から生じるR^+です。

e　フリーデル・クラフツ-アシル化反応[*1]

上と同じタイプの反応でRClの代わりに酸塩化物$RCOCl$を用いるとアシルベンゼンが生成します。X^+はRCO^+です。

[*1] 置換基R-CO-を一般にアシル基といいます。アシル基を持つ化合物は合成の中間体として重要なものが多いです。

a. ニトロ化

$$HO-NO_2 + H^+ \longrightarrow H_2O^+-NO_2 \longrightarrow NO_2^+$$

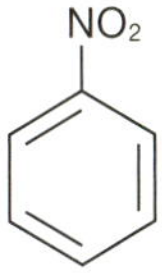

ニトロベンゼン

b. スルホン化

$$HO-\underset{\underset{O}{\|}}{\overset{\overset{O}{\|}}{S}}-OH + H^+ \longrightarrow H_2O^+-SO_3H \longrightarrow SO_3H^+$$

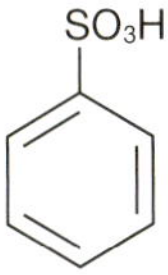

ベンゼンスルホン酸

c. 塩素化

$$Cl_2 + FeCl_3 \longrightarrow [FeCl_4]^-Cl^+ \longrightarrow Cl^+$$

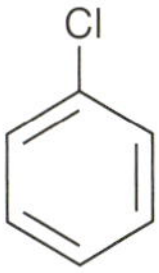

塩化ベンゼン

d. フリーデル・クラフツアルキル化

$$R-Cl + AlCl_3 \longrightarrow [AlCl_4]^-R^+ \longrightarrow R^+$$

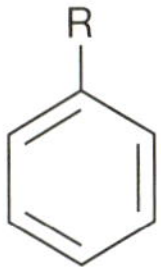

アルキルベンゼン

e. フリーデル・クラフツ-アシル化

$$R-\underset{}{\overset{\overset{O}{\|}}{C}}-Cl + AlCl_3 \longrightarrow [AlCl_4]^-RCO^+ \longrightarrow RCO^+$$

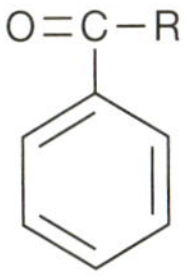

アシルベンゼン

図4-4 ▶ 求電子置換反応の例

3 反応の配向性

分子式C_6H_6のベンゼンには6個の水素原子があり、先にNMRスペクトルで見た通り、この6個の水素には何らの違いもありません。しかし、このベンゼンに1個の置換基Xが付いたとしましょう。すると、残った5個の水素にはXに対する位置の違いが現われます。それは、先にキシレンで見たように、Xの両隣のオルト位、その隣のメタ位、そしてXの対面にあるパラ位です。

置換基の入る位置

1個の置換基を持つベンゼンに、前項で見た置換反応を行うと、興味深い結果が現われます。

置換基としてメチル基CH_3を持つトルエンに対してニトロ化反応を行います。するとニトロ基は、メチル基に対してオルト位、あるいはパラ位に入ります。メタ位には決して入りません。これをオルト・パラ配向性といいます。

ところがニトロベンゼンに同じようにニトロ化反応を行います。すると次のニトロ基は、最初のニトロ基に対してメタ位に入ります。オルト・パラ位に入ることはありません。これをメタ配向性といいます。

このように、一置換芳香族化合物の置換反応において、新しい置換基が最初の置換基に対してどの位置に入るのかを反応の配向性といいます。

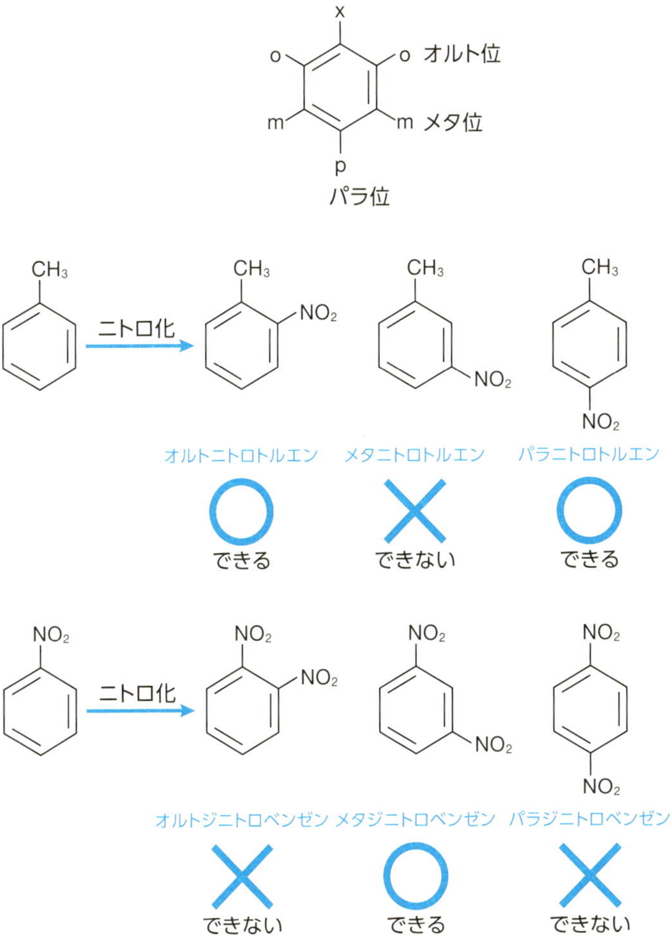

オルト位 — o
メタ位 — m
パラ位 — p

トルエン →(ニトロ化)→
- オルトニトロトルエン ○ できる
- メタニトロトルエン × できない
- パラニトロトルエン ○ できる

ニトロベンゼン →(ニトロ化)→
- オルトジニトロベンゼン × できない
- メタジニトロベンゼン ○ できる
- パラジニトロベンゼン × できない

図4-5 ▶ 求電子置換反応

配向性の原因

このように、置換基によって異なる配向性の違いはどのような原因によって生じるのでしょう？

それは、ベンゼンに最初に結合していた置換基（メチル基 or ニトロ基）の性質の違いによります。置換基は多くの種類がありますが、中には置換基のついている基質（ベンゼン環）に電子を供給するものがあります。このような置換基を一般に電子供与基といいます。

メチル基 CH_3 はこのような置換基です。メチル基はベンゼン環の全ての炭素に電子を送り込みますが、特に強力に送り込むのがオルト位とパラ位の炭素です。一般に、置換基の電子的、電気的影響を大きく受けるのはオルト位とパラ位の炭素であることが知られています。

置換基の中には、ニトロ基のようにベンゼン環から電子を吸い出すものもあります。このような置換基を電子吸引基といいます。そしてこの置換基の影響が大きく現れるのもオルト位とパラ位なのです。

電気的性質と反性性

このような電気的性質を帯びた一置換ベンゼンに求電子的な性質を持った、つまりプラスに帯電した求電子試薬が攻撃したとしましょう。当然のことながら、出来るだけマイナスに帯電した炭素を攻撃するでしょう。そして、電子供与基を持ったベンゼンでは、このような位置はオルト・パラ位に限られます。そのため、トルエンに対する置換反応はオルト、あるいはパラ位に起こったのです。これがオルト・パラ配向性の説明です。

一方、ニトロ基のような電子吸引性置換基がある場合には、オルト・パラ位が優先的にプラスになります。プラスの電荷を帯びた求核試薬であるX⁺がこのような炭素を避けるのは言うまでもありません。結局、セカンドチョイスとしてメタ位を攻撃することになります。これがメタ配向性の説明です。

　以上の説明で明らかな通り、反応の配向性と、反応の積極性は異なります。オルト・パラ配向性の反応はプラスの試薬がマイナスの攻撃位置にめがけて積極的にアプローチする反応です。それに対してメタ配向性の反応は試薬が他にアプローチする相手がいないから仕方なく言い寄る（？）というような消極的な反応ということになるでしょう。

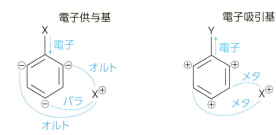

図4-6 ▶ 配向性の理由

4 ベンザインの反応

ベンゼンの置換反応の基本は前項で見た通りです。ところが例外的な反応が発見されました

 実験結果

それは塩化ベンゼンに液体アンモニア NH_3 中でナトリウムアミド $NaNH_2$ を反応させるという過酷な反応条件下での反応でした。生成物は、水素が置換基に置換するという通常の芳香族置換反応とは違って、最初の置換基 Cl がアミノ基 NH_2 に置き換わったもの、つまりアニリンでした。

ところが、この反応では更に変わった点が明らかになりました。つまり、新しい置換基であるアミノ基が結合した炭素は、最初に Cl が結合していた炭素ばかりでなく、その隣の炭素にも結合していたのです。これは最初に Cl が結合した普通の炭素原子つまり ^{12}C を同位体の ^{13}C（図のC*）に置き換えるという実験によって明らかになりました。

反応の結果、NH_2 は ^{13}C ばかりでなく、その隣の普通の ^{12}C にも結合していたのです。これはどのように解釈したらよいのでしょうか？

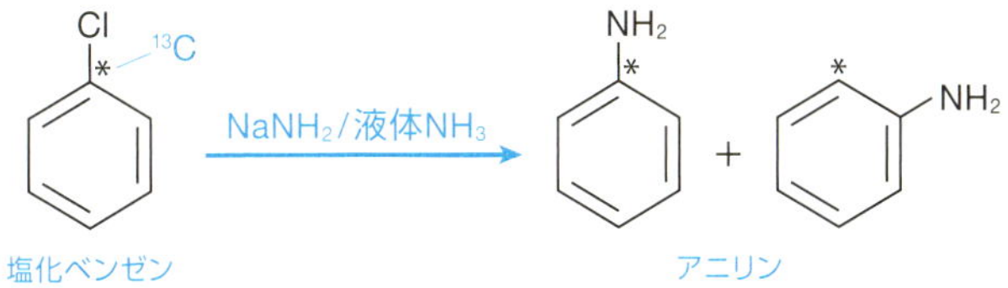

図4-7 ▶ 2種類のアニリンの生成

反応機構

　得られた答えは次のようなものでした。つまり、塩化ベンゼンにアンモニウム陰イオンNH_2^-が攻撃して塩化水素HClを脱離させ、それまでのベンゼンのC＝C二重結合をC≡C三重結合にするのです。このようにしてできた中間体をベンザインと呼びます。

　ベンザインは非常に不安定ですから、直ちに反応系に存在する試薬NH_2と反応してアニリンになりますが、NH_2が攻撃できる炭素は三重結合を構成する2個の炭素原子の一方だけです。つまり、最初にClが結合していた炭素^{13}C（C*）か、あるいはその隣の普通の炭素^{12}Cです。

　このような実験によって、反応の途中に三重結合を持つベンザインが関与しているということが明らかになったのです。

反応機構

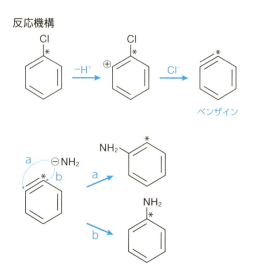

図4-8 ▶ ベンザインの生成と反応

ベンザインの構造

普通の反応式では、本書の反応式でも用いたように、ベンザインは三重結合を持つ化合物として表します。しかし、実際の構造はその様な単純なものではないものと考えられています。

つまり第2章で見たように、三重結合を構成する炭素はsp混成であり、その結合角度は180°です。このような炭素2個を、結合角度120°であるはずの6員環に組み込むのは不可能です。そのため、この形式的三重結合を作る2個の炭素は、ベンゼンの時のままsp^2混成であり、2個のsp^2混成軌道が互いに横腹を接するようにして疑似π結合をつくっているのであろう、と考えることにするのです。

随分と"ご都合主義"のことであると、呆れる方もおられることでしょ

うが、化学のような実験科学の最先端はその様なものです。まず、実験結果があるのです。実験結果が表れたからには、それを当時最先端の科学理論で説明しなければなりません。その説明は正しいかもしれませんし、間違っているかもしれません。それを明らかにするのは次の実験結果です。その実験結果を待って、それまでの説明を修正すれば良いのです。

科学は常にそのようにして発展してきました。突如として革新的な理論が現われ、それまでの疑念を根底から払拭した、などということはありません。50年以上前のアインシュタインの理論でも、現在に至るまでその証明のための実験が行われ、その実験からノーベル賞が生まれているのです。

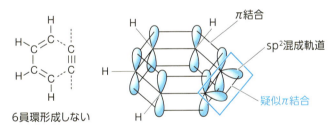

図4-9 ▶ベンザインの結合様式

5 置換基の反応

　ベンゼン環が直接関与した反応とはいえませんが、ベンゼン誘導体の反応として、ベンゼン環上の置換基が他の置換基に変化する反応があります。重要な反応だけでも見ておくことにしましょう

a　ベンゼンスルホン酸→フェノール
　ベンゼンスルホン酸に固体の水酸化ナトリウム$NaOH$を作用させ、更に二酸化炭素を作用させるとスルホン酸基SO_3Hがヒドロキシ基OHに変化してフェノールとなります。

b　ニトロベンゼン→アニリン
　ニトロベンゼンをスズSnと塩酸で還元すると、ニトロ基NO_2がアミノ基NH_2に変化してアニリンになります。

c　アニリン→塩化ベンゼンジアゾニウム
　アニリンに塩酸を作用して塩酸塩とし、さらに亜硝酸ナトリウム$NaNO_2$を作用させると塩化ベンゼンジアゾニウムとなります。

d　ジアゾカップリング反応
　塩化ベンゼンジアゾニウムとトルエン、フェノール、アニリンを作用させると図に示したジアゾ化合物を与えます。この反応はジアゾカップリング反応と呼ばれ、各種のアゾ染料の合成に欠かせない反応です。

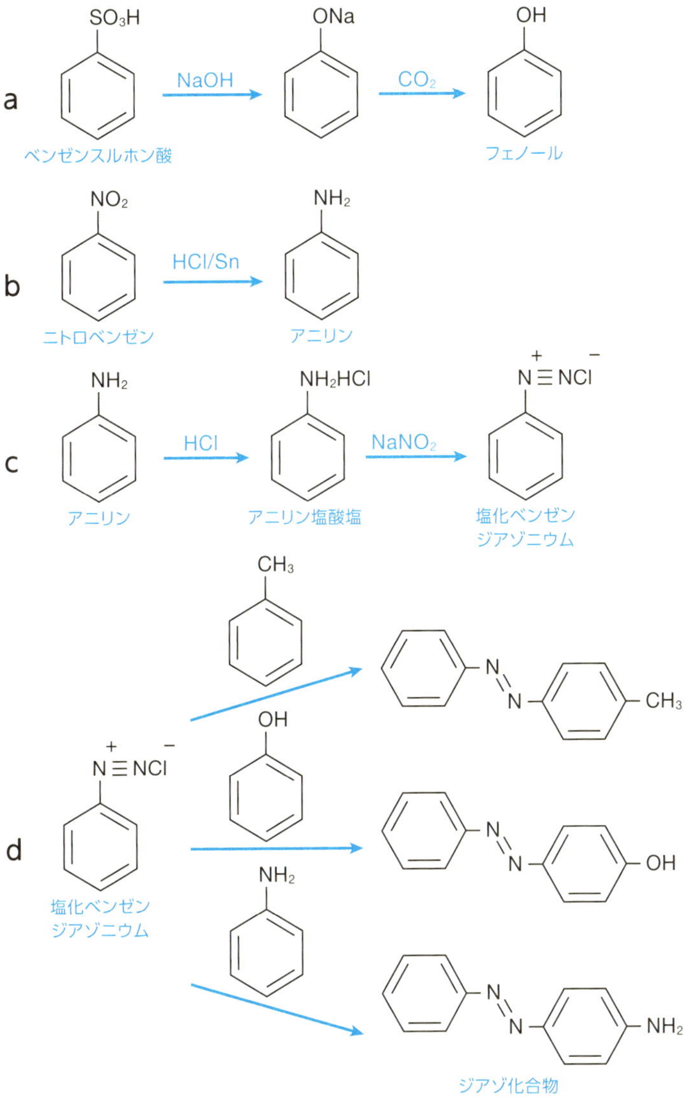

図4-10 ▶ ベンゼン誘導体の反応

6 カップリング合成

　カップリング反応とは2個の有機分子を繋げて1個の分子にする反応です。同じ有機分子を繋げる反応をホモカップリング反応、異なる分子を繋げる反応をヘテロカップリング、あるいはクロスカップリング反応と言います。前項で見たジアゾカップリング反応はクロスカップリング反応の一種になります。

クロスカップリング反応の意義

　クロスカップリング反応は大きな有機分子を合成する場合に強力な手段となります。それは大きな分子を二部分に分け、それぞれを合成した段階でカップリングさせればよいからです。そのため、クロスカップリング反応を長年研究し、大きな業績を上げた二人の日本人、鈴木章教授と根岸英一教授に2010年にノーベル化学賞が贈られたことは記憶に新しいところです。

　クロスカップリング反応はベンゼンなどの芳香族に限られた反応ではありません。どのような有機化合物に対しても応用できます。つまり、芳香族化合物のように安定で反応性に乏しい分子同士をつなぎ合わせることもできるのです。

クロスカップリングの実際

ここではベンゼンとナフタレンをカップリングすることにしてみましょう。

クロスカップリングは塩素Clや臭素Brなどのハロゲン元素（記号X）と芳香族が結合したハロゲン化アリル（アリルは芳香族を表す名前で記号はAr）Ar-XをパラジウムPdなどの触媒を用いてカップリングさせる反応です。

原子には電子を引き付ける作用の強い原子と弱い原子があります。ハロゲン原子は引き付ける力が強く、炭素原子は弱いです。金属原子は炭素よりも弱いです。

このため、ハロゲン化ベンゼン**1**ではハロゲン原子Xが電子を引き付けて幾分マイナスに、Xの結合した炭素は幾分プラスに荷電します。このような部分的な電荷を部分電荷と言い、記号δ^+（デルタプラス）、δ^-（デルタマイナス）で表します。

有機金属化合物の反応

この様なハロゲン化ベンゼンにマグネシムMgや亜鉛Znなどの金属（記号M）を作用させると金属原子がX-C結合に挿入して有機金属化合物Ar-M-X（**2**）になります。この分子においてMとCを比べると、電子を引き付ける力はCの方が大きいので、今度はCの方が幾分マイナスになります。

2をハロゲン化ナフタレン**3**に反応させると、**2**が**3**のプラスに荷電した炭素を攻撃し、**3**のハロゲン原子を陰イオンとして追い出して、そ

の炭素に結合します。このようにしてベンゼンとナフタレンが結合した分子4ができるのです。

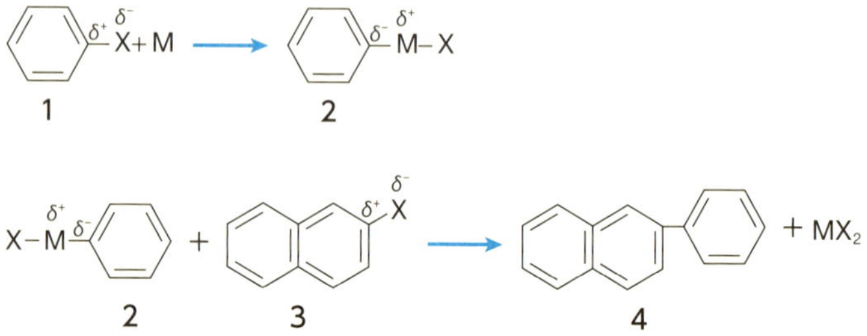

図4-11 ▶ クロスカップリング反応

COLUMN 有機金属化合物

生命体を作る有機物と、機械や兵器を作る金属とでは、水と油のように思われますが、有機物と金属が結合した有機金属化合物は、生命体で重要な役割を演じているのです。

哺乳類で、肺で吸収した酸素を細胞に運搬する役を演じるヘモグロビンはヘムという環状有機物と鉄が結合した物です。この鉄をマグネシウムMgに換えるとクロロフィルとなって植物で光合成を行う分子となります。また、生化学反応を支配する酵素の多くも有機金属化合物です。

それだけに金属は生体を傷つける毒になることもあります。公害で有名なイタイイタイ病の原因になったカドミウムCd、水俣病の原因になった水銀Hgなどは有名な例です。

ベンゼン環を含む小分子

第5章 ベンゼン環を含む小分子

ベンゼン環を連結した分子

　ベンゼン環は多くの有機物にその部分構造として含まれています。ベンゼンの分子式はC_6H_6ですが、そこから水素1個を除いたC_6H_5原子団はフェニル基として重要な置換基です。また、ベンゼンから2個の水素を除いたC_6H_4はフェニレン基と呼ばれます。

ベンゼン環が連結した化合物

　ベンゼン環が連結、つまり繋がった化合物としてはビフェニルが良く知られています。ビフェニルのビ（bi）はギリシア語で2を表す数詞です。つまりビフェニルはフェニル基が2個結合したもの、という意味なのです。

　ベンゼン環が3個連結したものはジフェニルベンゼンですが、一般にはターフェニルと呼ばれることが多いです。ターフェニルでは中央のベンゼン環、つまりフェニレン基がどのように結合しているかによってオルト、メタ、パラの三種の異性体が存在します。このように、ベンゼン環は幾つも連結することができ、その種類は数えきれません。

　ベンゼン環が立体的に連結した化合物として典型的なものがトリプチセンです。これはバレレンと呼ばれる化合物の二重結合をベンゼン環で置き換えたものと考えることができます。

106

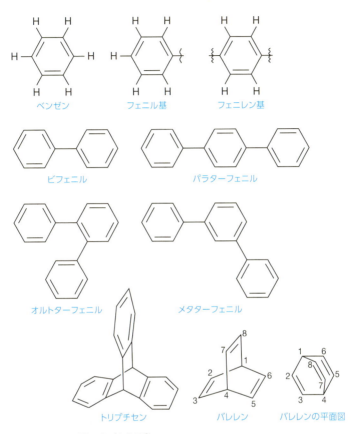

図5-1 ▶ ベンゼン環をつなげた分子①

ベンゼン環が縮環した化合物

　多数個のベンゼン環がその一辺を共有する形で連結した化合物があります。このような連結を特に縮環といいます。最も小さいのは2個のベンゼン環が縮環したナフタレンです。

　3個縮環したものには、2番目(中央)のベンゼン環の縮環位置の違

いによって、直線的な構造のアントラセンと、曲がった形のフェナントレンがあります。

4個縮環したものはテトラセンと呼ばれますが、これにはアントラセンの例と同じように、幾つかの曲がった構造が存在します。

7個のベンゼン環が環状に縮環した化合物であるサーキュレンの単結晶X線解析図は先に見た通りです。また、両端のベンゼン環が結合して環を閉じなければバネのようにらせんを描いてどこまでも伸びてゆくのであり、そのような化合物も実際に知られています。

このように、ベンゼン環が連結、縮環した分子は多くの種類が知られており、後に見るようにそれぞれ独特で有用な性質を持つことが知られています。

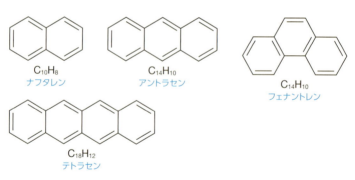

図5-2 ▶ ベンゼン環をつなげた分子②

 先にベンゼンは有害な化合物であり、一過性の毒性の他に発がん性もあるということを見ました。しかし、猛毒として知られるトリカブトの毒成分であるアコニチンが漢方薬では強心剤として珍重されるように、薬と毒は同じ物ということができます。少量用いれば薬となり、多量に用いれば毒となるのです。かぜ薬を用いた殺人事件だってあるのです。

サリチル酸誘導体

 ベンゼン環を持った医薬品としてまず挙げなければならないのはサリチル酸です。古代ギリシアの時代から、柳には薬効作用があることが知られていました。江戸時代には虫歯が痛いと柳の小枝を噛んだといいます。

 ということで、19世紀になってフランスの科学者が柳を研究してサリシンという薬効成分を抽出しました。サリシンにはブドウ糖が結合し、大変に苦くて飲むのは困難でした。そこでサリシンからブドウ糖を科学的に切断する過程で生じたのがサリチル酸でした。しかしサリチル酸は強い酸であり、飲むと胃に穴が開く（胃穿孔）などの副作用があり、薬用になりませんでした。

 そこで、サリチル酸に酢酸（実際には無水酢酸）を作用させて作ったのがアセチルサリチル酸でした。これは1899年にアスピリンという商

品名で解熱鎮痛剤として売り出され、爆発的に売れました。特にアメリカ人のアスピリン信仰は根強いものがあり、現在でもアメリカだけでも年間1万6000トンが消費されるといいます。

　サリチル酸にメタノールを作用させて得たサリチル酸メチルは筋肉の消炎剤としていろいろの薬品に配合されています。それだけではなく、サリチル酸そのものも、イボ取り薬として広く用いられています。

　またサリチル酸にアミノ基を入れたパラアミノサリチル酸はパスの名前で、肺結核の薬として用いられています。

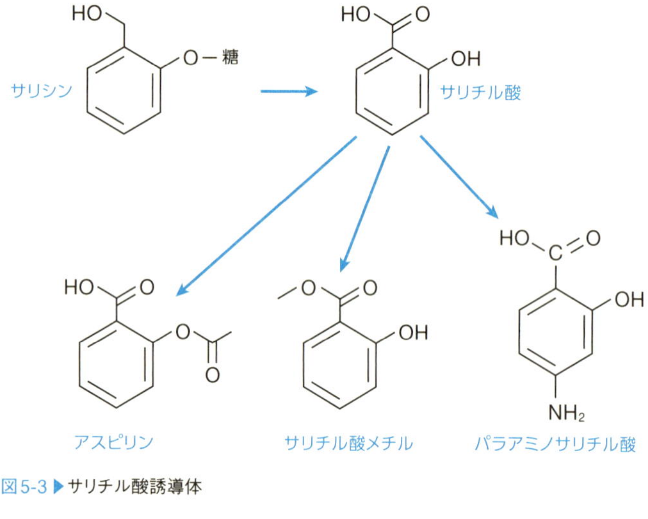

図5-3 ▶ サリチル酸誘導体

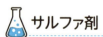

サルファ剤

　ドイツの科学者ドーマクは染料の研究をしていましたが、1935年にたまたま、自分の開発したプロントジルという染料に抗マラリア作用が

あることに気づきました。そこで自分の娘がマラリアにかかったときにこの染料を飲ませたところ、娘は奇跡的に回復しました。その後の研究でプロントジルの薬効はスルホン基SO_2の存在によるものであることが分かり、類似品が次々と開発されました。このような医薬品を一般にサルファ剤といいます。ドーマクはこの功績によってノーベル医学・生理学賞を受賞しました。

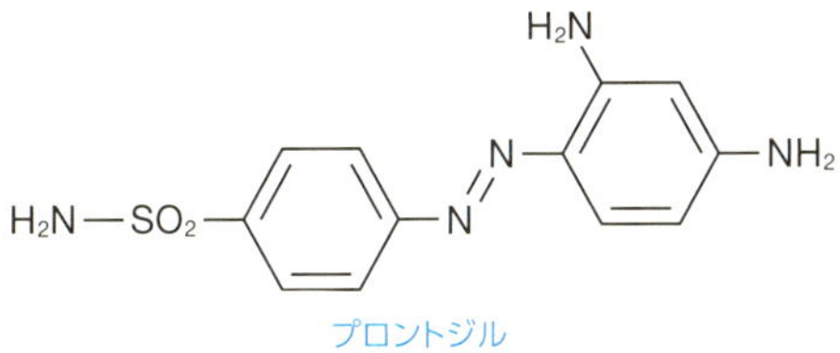

プロントジル

図5-4 ▶ サルファ剤の例プロントジル

キノロン系抗菌剤

ベンゼン環とピリジン環が縮環した分子骨格をキノリン骨格といいます。1962年、この骨格を持つ化合物に細菌の増殖を抑制する作用があることが発見されました。それを機にいくつかの誘導体が合成され、抗菌剤として用いられています。この薬剤は一般にキノロン系抗菌剤と呼ばれますが、シプロフロキサシンなどが良く知られています。

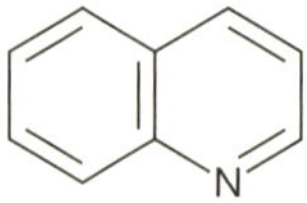

第5章 ベンゼン環を含む小分子

図5-5 ▶ キノリン骨格を持つ分子

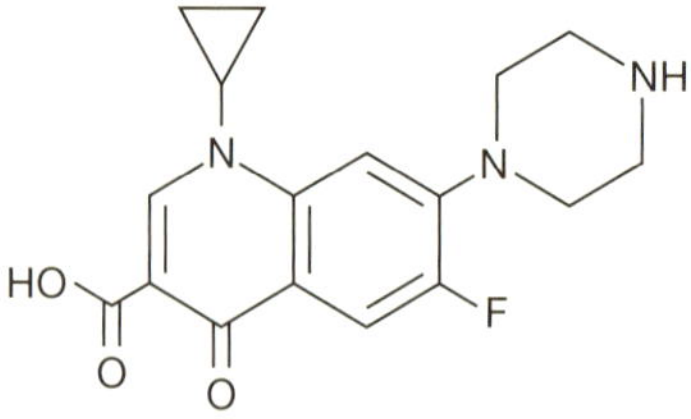

麻酔薬

　麻酔薬が無かったら外科医は成り立たないのではないでしょうか？世界で最初に全身麻酔に成功したのは日本の医師、華岡青洲でした。1804年、彼はこれで乳がんの手術を行いました。ヨーロッパで全身麻酔が成功したのはこの後40年を経た後でした。

　麻酔には全身麻酔と局所麻酔があります。全身麻酔は薬剤を気体として吸引することが多いようです。全身麻酔薬にはエーテル、クロロホルム、笑気、ハロタンなど単純としか言いようのない化合物が用いられ、それだけに麻酔のメカニズムは解き明かし切れていないようです。

　一方、歯科医などが用いる局所麻酔は麻酔薬を注射によって注入するものであり、神経細胞軸索にあるナトリウムチャネルの働きを阻害するといいます。リドカインはその様な局所麻酔の一種であり、ベンゼン環を持っているのが特徴です。

CH₃CH₂−O−CH₂CH₃ 　　　N₂O
　エーテル　　　　　　　　笑気

CHCl₃ 　　　
クロロホルム　　ハロタン　　　　　リドカイン

図5-6 ▶ 麻酔に使われる分子

COLUMN

神経細胞

　神経細胞は図のような形をしており、細胞体部分とそれから伸びる軸索部分からなります。軸索内部にはカリウムイオンK^+が存在し、外部にはナトリウムイオンNa^+があります。軸索の細胞膜にはチャネルと呼ばれる孔が空いており、それを通ってK^+、Na^+が軸索を出入りします。このことによって軸索細胞膜に生じる電位差（電圧）が神経情報となって神経細胞を伝達します。

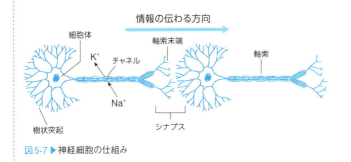

図5-7 ▶ 神経細胞の仕組み

3 毒物

　医薬品と毒物の区分は難しいです。虫を殺す殺虫剤は毒物です。ところが細菌を殺す抗菌剤は医薬品です。結局、人間に対する影響で計るということでしょう。

殺虫剤・除草剤

　ベンゼン環を持つ殺虫剤としては有名なDDTがあります。DDTは1873年に開発された有機物ですが、その殺虫効果が発見されたのは1939年になってからのことでした。効果を発見したスイスの化学者ミュラーは1948年にノーベル医学・生理学賞を受賞しました。DDTの殺虫効果はそれだけ優れていたのです。この狭い地球上に70億もの人類が食べて生存できるのは化学肥料と殺虫剤のおかげということもできるでしょう。

　しかしDDTは塩素を含む有機物である有機塩素化合物であり、人間にも有害であることが分かり、製造も使用もされなくなりました。しかし安定で分解されにくいDDTはその後も環境中に存在し続け、低濃度ながら現在も環境から検出されるといいます。

　殺虫剤はその後、パラチオンやスミチオン等のリン化合物に推移しましたがこれらにもベンゼン環が含まれています。最近ではネオニコチノイド系といわれる殺虫剤が用いられますが、これはタバコの成分である

ニコチンを模倣して開発されたもので、ベンゼンに類似のピリジン環を持っています。人間に無害といわれていますが、ミツバチの帰巣本能を狂わせるともいわれ、真相の究明が待たれています。

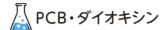

図5-8 ▶ 殺虫剤・除草剤

PCB・ダイオキシン

有機塩素化合物として有名な物にPCBとダイオキシンがあります。

a PCB

　PCBはビフェニル骨格に塩素がついたものです。PCBはただ一種類の物質ではなく、塩素の個数、置換位置によって多くの種類がありますが、まとめてPCBと言われます。PCBは人工の油状物ですが、化学的に安定で分解されにくく、絶縁性が高いため、世界中の変圧器でトランスオイルとして用いられました。その他印刷インク、熱媒体などに広く用いられ、一時は夢の化合物ともてはやされました。

　ところが1968年、日本でPCBが混入した米ぬか油が市販されるという事件が有り、PCBの有害性が明らかになりました。それ以降、PCBは製造も使用もされなくなりましたが、問題は回収さ

れたPCBです。化学的に安定なPCBを分解無毒化する技術は当時存在せず、仕方なく政府は分解技術が開発されるまで、回収したPCBを各事業所で保管するように指示しました。

最近ようやく超臨界水という高温高圧の水を用いてPCBを効率的に分解することに成功しました。しかしその間にかなりの量のPCBが環境に流出したものと言われています。

b **ダイオキシン**

ダイオキシンはPCBと似た構造の分子であり、PCBと同様にただ一種類の分子ではなく、多くの同族体（類似物質）があります。1970年代、アメリカはベトナム戦争を戦っていました。この戦争でベトナム兵はジャングルを利用してゲリラ戦術を用いました。業を煮やしたアメリカ軍はジャングルを枯らしてしまうという戦術を採用し、ジャングルに2,4Dなどの大量の除草剤を散布しました。

ところがその後。これらの地域から奇形児が生まれるなど、異常が現われたといいます。この原因として挙げられたのが2,4-Dに不純物として含まれるダイオキシンでした。ダイオキシンは自然界にはほとんど存在しない物質ですが、塩化ビニールなど、塩素を含む物質と有機物を数百℃の低温で燃焼すると発生するといわれます。そのため日本中の簡易焼却機は使用中止となり、850℃を超す高温焼却機に取って代わられました。

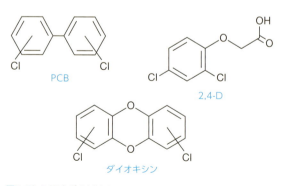

図5-9 ▶ PCBとダイオキシン

麻薬・覚せい剤

人間の精神に作用し、正常な精神状態を破壊し、廃人に追い込む物質を一般に麻薬・覚せい剤といいます。

a アヘン

ケシの実から採った樹液を乾固したものを一般にアヘンと言います。アヘンの成分を化学的に分離するとモルヒネとコデインが得られます。モルヒネに無水酢酸を作用するとヘロインとなります。これら三種はいずれもベンゼン環を持った麻薬であり、非常に有害ですが特にヘロインの毒性が強いことが知られています。モルヒネには強い鎮痛作用があり、末期がんの患者などにも与えられます。

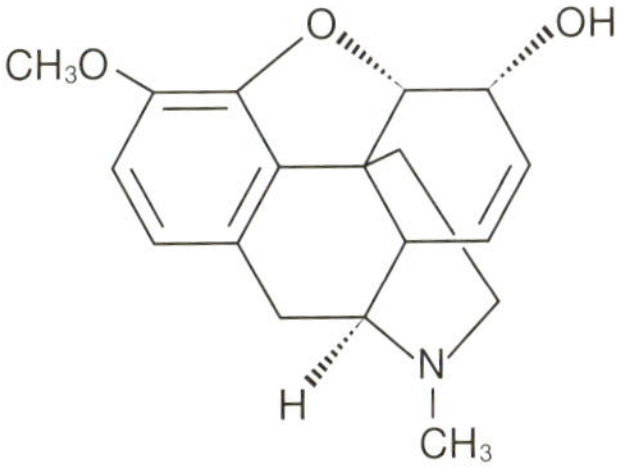

コデイン

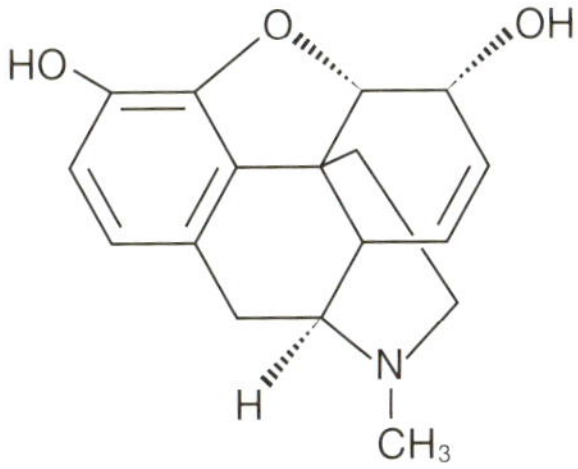

モルヒネ

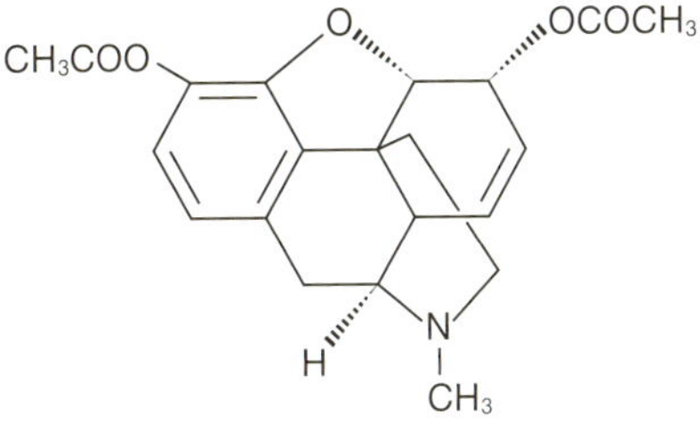

ヘロイン

図5-10 ▶ベンゼン環を持った麻薬の例

b 大麻

麻は植物繊維としてよく知られ、用いられていますが、麻薬成分を含むことでも知られています。麻の葉や花冠を乾燥または樹脂化、液化させた物を一般にマリファナといいます。マリファナの成分はテトラヒドロカンナビノールでベンゼン環を持っています。

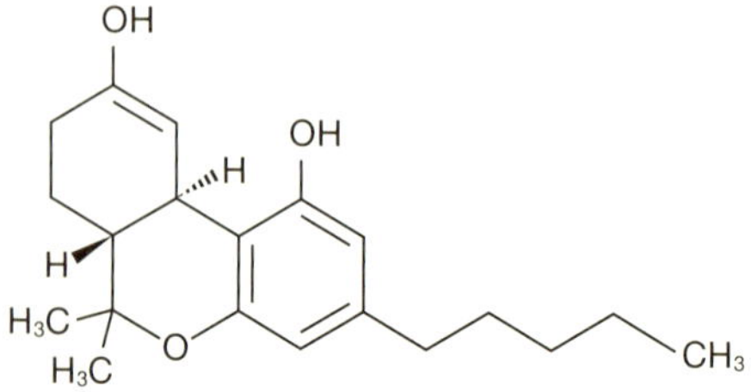

テトラヒドロカンナビノール

図5-11 ▶ マリファナの例テトラヒドロカンナビノール

c 危険ドラッグ

天然ハーブなどに合成麻薬を噴霧したものが危険ドラッグとして違法に販売され、それを用いた者が犯罪や事故を起こすことで社会問題になっています。これらの合成麻薬は次々と新種の物質が合成され、取り締まるのが大変です。

光学異性体

　化学物質の生体に対しての影響は、分子構造のわずかの変化で大きく変化します。例えば、エタノールCH_3CH_2OHはお酒の成分として多くの人を喜ばす飲料ですが、メタノールCH_3OHは視神経を害し、命を奪う猛毒です。

　図のAとBは良く似た構造ですが、この2種の分子は右手と左手の関係にあります。つまり、Aを鏡に映すとBになり、Bを鏡に映すとAになります。このような関係にある分子を光学異性体（鏡像異性体）と言います。異性体ですから、互いに性質、反応性は異なります

　AとBの混合物がかつてサリドマイドの名前で睡眠薬として市販されました。ところが、片方には催眠作用がありましたが、もう片方には怖ろしい催奇形性があったのです。妊娠初期にサリドマイドを服用した女性からはアザラシ症候群と呼ばれる、四肢に異常のある赤ちゃんが誕生しました。その数は全世界で3900人に上りました。

　このような光学異性体の研究は有機化学の重要な研究分野であり、そこを究めた野依良治教授は2001年にノーベル化学賞を受賞しました。

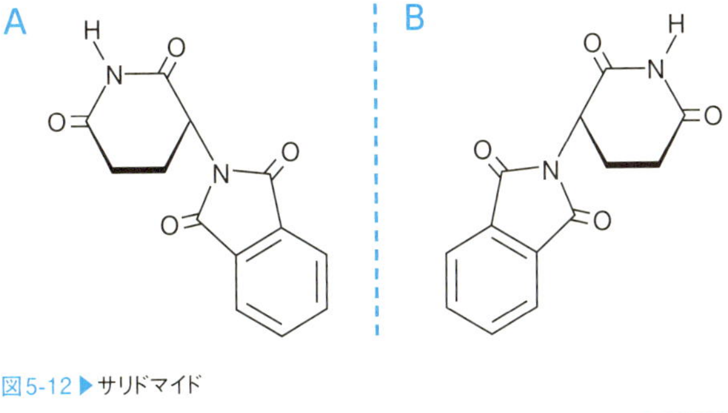

図5-12 ▶ サリドマイド

4 爆薬

　爆薬は危険な物ですが、社会に必要な重要な物です。爆薬が無かったらパナマ運河は出来なかったでしょうし、鉱山の採掘作業も大変なことになっていたでしょう。自動車の安全バッグを膨らませるのも爆薬のおかげです。

トリニトロトルエン

　爆発は急激な燃焼と考えることができます。燃焼のためには燃料と酸素が必要ですが、爆発という短時間の間に大量の酸素を供給するには空気中の酸素に頼っているわけにはゆきません。短時間のうちに大量の酸素を供給する必要があります。そのため、多くの爆薬は自分の中に酸素を蓄えています。このような原子団（置換基）として使われるのがニトロ基NO_2です。

　爆薬の典型といわれるのがトリニトロトルエン（TNT）です。これはトルエンに硝酸HNO_3と硫酸H_2SO_4を作用させることによって生成する物であり、一分子中に3個のニトロ基が結合した物です。したがって一分子中に6個の酸素原子があることになります。TNTは爆弾、銃弾の爆薬として使われます。

　TNTは融点80℃の結晶（粉末）であり、爆弾や薬きょうに詰める時には液体として充填できるという利点があります。また、爆発しなければ

安定であり、数十年経っても爆発力が低下しないという利点もあります。

下瀬火薬

　日本が日露戦争において日本海でロシアのバルチック艦隊を破ったのは下瀬火薬のせいだと言われます。下瀬火薬というのは発見者の名前をとったもので、化学的にはピクリン酸と言われます。ピクリン酸はフェノールに3個のニトロ基がついたもので一分子中の酸素原子の個数は7個であり、TNTより多いのです。

　しかしピクリン酸には欠点がありました。それはフェノールが酸性であり、長い間鉄製の容器に入れて置くと容器が錆びて劣化するのです。これでは銃器が暴発する恐れがあり、安心して？戦争を行うことはできません。そのような事から、TNTが広く使われるようになったといいます。

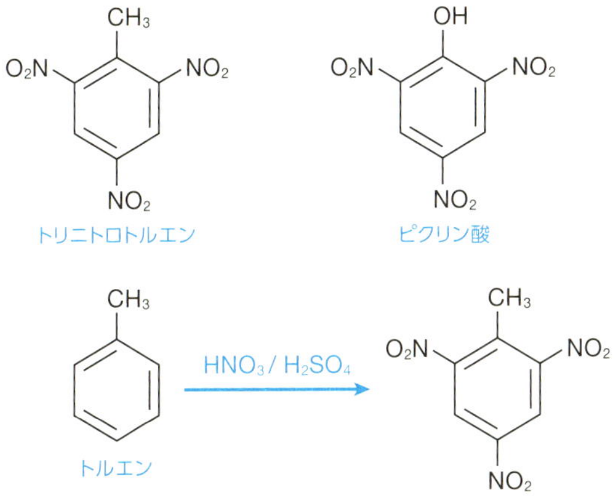

図5-13 ▶ 爆薬の例

5 色素

色を持つ分子を色素と言います。色素はなぜ色を持っているのでしょう？

 色相環と補色

第3章で見たように、分子の発色は分子の光吸収によって起こります。しかし、発色するためには可視光線、つまり波長400 nm～800 nmの光を吸収する必要があります。分子が吸収する光の波長は共役系の長さに関係し、共役系が長くなるとより長波長部の光を吸収します。つまり、色素を作るためには共役系を長くし、可視光線を吸収するようにすれば良いのです。共役系があまり長くなく、可視光線の短波長部、すなわち青の領域を吸収すればその色素は黄や赤になります。反対に共役系が長くて可視光線の長波長部、つまり赤の領域を吸収すればその色素は青くなるというわけです。

 色素分子

図にいくつかの色素を示しました。インジゴはブルージーンズを染める青い色素です。インジゴに2個の臭素が入った分子は貝紫という紫の色素になります。カルタミンはベニバナから採れる赤い色素です。黄色4号や青色1号などという色素は一般にタール系色素と言われ、

多くのベンゼン環が入っています。黄色4号はN=N二重結合を含み、先に見たジアゾカップリングでできたアゾ色素の一種であることが分かります。これらは食物の着色に用いられている色素です。

染料

布に色を付けることを染色といい、染色に使う色素を特に染料といいます。染料と普通の色素の違いは、染料は布地にしっかりと浸みこんで落ちないということです。洗濯をしたら色が落ちたというのでは困ります。

色素が落ちないようにする工夫の一つは、色素を布の分子、セルロースやタンパク質に結合させることです。このために用いるのが金属イオンです。染色にアルミニウムAlイオンを含むミョウバンや、鉄Feイオンを含む泥などを用いるのはこのような理由です。

また、布に浸みこんだ染料を不溶性に換えるという方法もあります。ジーンズや藍染めに使うインジゴはこの種類の染料です。酵素の力を借りて発酵させることによって可溶化し、酸素で酸化することによって不溶化します。

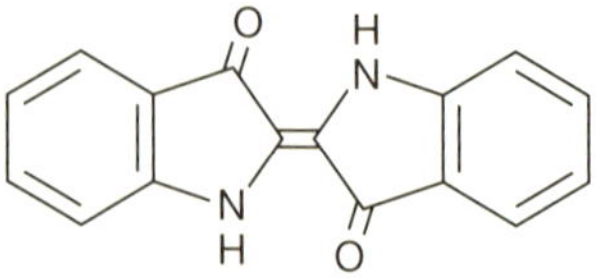

第5章 ベンゼン環を含む小分子

インジゴ

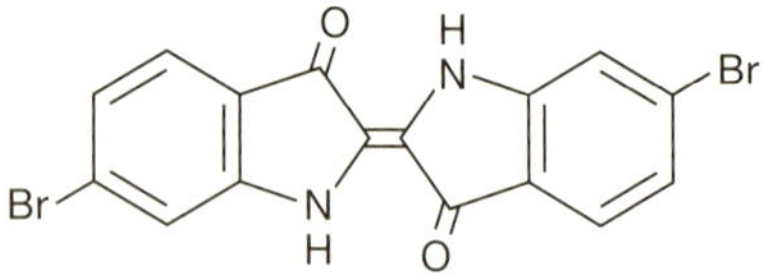

貝紫

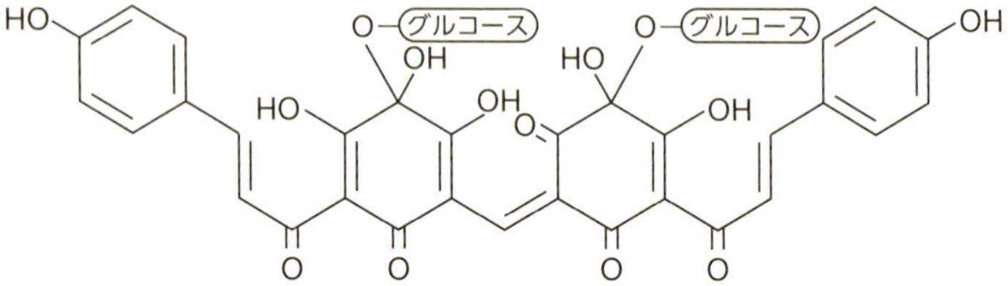

ベニバナ染料（カルタミン）

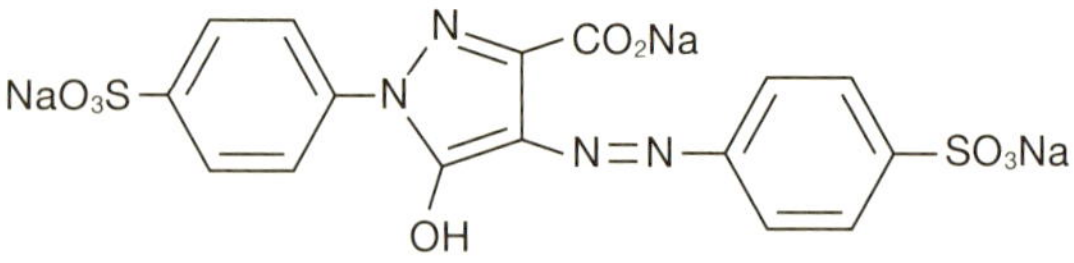

黄色4号

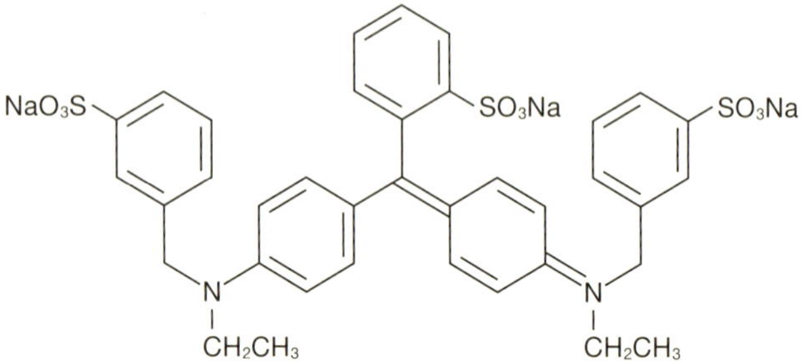

青色1号

図5-14 ▶ ベンゼン環を含む色素分子

蛍光染料

　汚れた白い衣服は、洗濯をしても真っ白には戻らず黄色っぽくなります。昔は、このような衣服は薄青に染めてごまかしたものですが、これでは全体が暗い感じになってしまいます。

　現在ではこのような場合、蛍光染料で染色します。蛍光染料というのは太陽光の紫外線を吸収し、可視光線の青い部分を発光するのです。これはエスクリンという物質であり、1929年にセイヨウトチノキの樹皮から発見された物質です。

　エスクリンの発光原理は第3章で見た通りです。つまり、まず基底状態エスクリンのHOMO電子が太陽光（紫外線）のエネルギーを受けて高エネルギーのLUMOに遷移して励起状態になります。この状態は不安定なのでLUMOの電子は元のHOMOに落ちますが、この時に余分になったエネルギーをまた紫外線として放出するというものです。

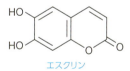
エスクリン

図5-15 ▶ 蛍光染料エスクリン

毒物の強さ

　毒物の強さにはいろいろの程度があります。青酸カリ（シアン化カリウムKCN）はサスペンスで良く使われる猛毒ですが、自然界にはこれの何万倍も強い毒が存在します。

　主な毒物のLD$_{50}$（21ページ）を示します。トップのボツリヌストキシンは微生物の出す毒です。タバコに含まれるニコチンは人工毒の青酸カリより強毒だということは注意すべきことでしょう。

　ベンゼンのLD$_{50}$は3 g/kg ～ 5 g/kg（3,000,000 ～ 5,000,000 μg/kg）であり、表の毒物に比べれば非常に弱いです。しかしLD$_{50}$は一過性の毒性を表す量であり、ベンゼンは慢性毒性が強いので、一概にLD$_{50}$で比較することはできません。

表5-1 ▶ 毒物の強さ

名前	LD$_{50}$(μg/kg)	由来
ボツリヌストキシン	0.0003	微生物
テトロドトキシン	10	動物(フグ)など
ウミヘビ毒	100	動物(ウミヘビ)
サリン	420	化学合成
コブラ毒	500	動物(コブラ)
ヒ素(As_2O_3)	1,430	鉱物
ニコチン	7,000	植物(タバコ)
青酸カリウム	10,000	KCN

第6章

ベンゼン環を含む高分子

1 天然巨大分子とベンゼン環

　分子の種類は無数にあります。大きさも水素分子のように直径 10^{-10} m の小さい物から、DNA のように長さ 10^{-1} m の物までその比は1億倍にも広がるほどです。ベンゼン環を含む分子も、前章で見たような比較的小型の物から、大型の物まで様々です。大型分子の典型として石炭分子とフミン酸があります。

石炭の分子構造

　石炭は分子ではありませんが、全ての物質と同じように多くの分子の集合体です。石炭を作っている分子にはどのようなものがあるのでしょう？その一例が図に示したものです。ベンゼン環やナフタレン環、あるいはピリジン環など、各種の芳香族環が無秩序に雑然と繋がっています。

　石炭は古代の植物が地熱や地圧によって変性したものです。植物を構成する主要素はグルコース分子が多数個連結したデンプンやセルロースです。これらにベンゼン環は含まれていません。ところが石炭にはグルコース分子が全く無く、代わりにベンゼン環が目白押しになっています。

　これはベンゼン環が安定構造だということに由来するものです。有機物は分解、変性する際、低エネルギーで安定な構造へと変化してゆ

きます。そのゴールがベンゼン環だということなのです。

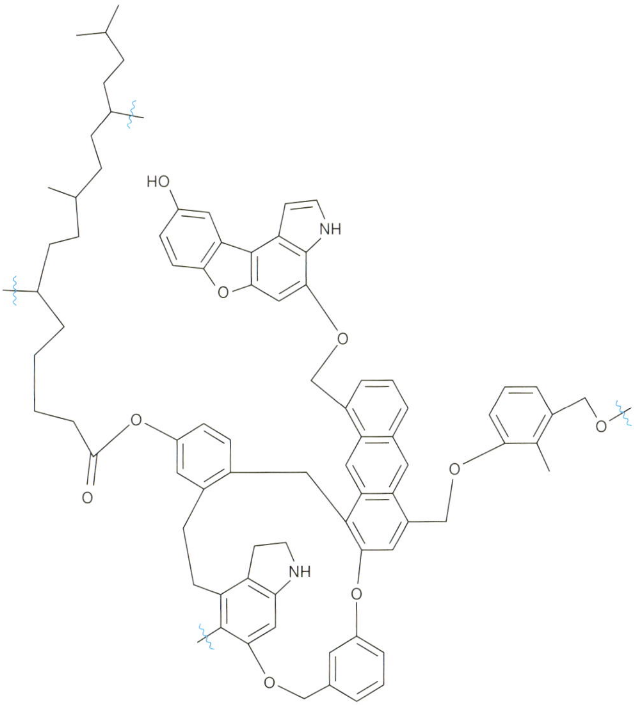

図6-1 ▶石炭の分子構造の一部分

フミン酸

　ドナウ川など、ヨーロッパの大河の水は茶色く濁っています。これはフミン酸と言われる物質が溶けているからです。フミン酸はフミン物質とも言われ、河川流域の植物などの生物組織が腐食、分解することによって生じた物ですが、その生成機構は明らかではありません。石炭の構

造と同じように、フミン酸もいろいろの分子の集合体であり、図に示したのはその様な分子構造の一例です。一見したところ石炭の構造と良く似ていますが、フミン酸には**カルボキシル基COOH**がたくさん入っています。**COOHは酢酸、クエン酸など有機化合物の酸に特有の置換基です**。そのためにこの物質はフミン"酸"と言われるのです。

　石炭分子もフミン酸分子も前章で見た"普通"の分子とは構造がまるで違います。大きさも比較にならないほど大きくなっています。このような分子は巨大分子と呼ばれます。決して高分子と呼ばれることはありません。それでは高分子とはどのようなものなのでしょうか?

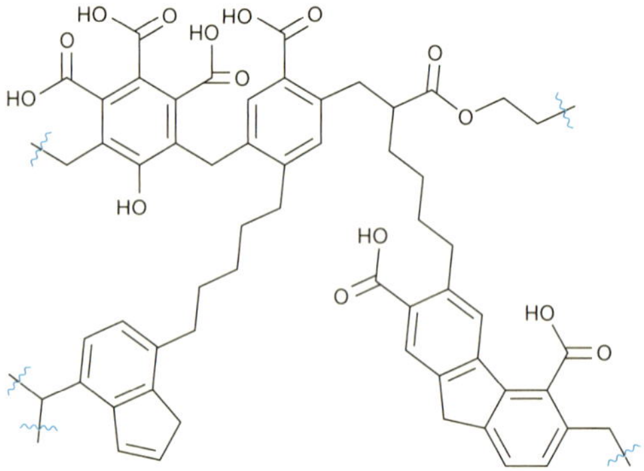

図6-2 ▶フミン酸分子部分構造の例

2 低分子と高分子

　本章の主題である高分子というのは、分子量が高い、大きい分子の事をいいます。それに対して普通の分子量の分子は低分子といいます。それなら前項で見た石炭やフミン酸も高分子ではないか、と思うかもしれませんが、これらは巨大分子であって高分子ではありません。

高分子と超分子

　高分子というのは、同じ構造の低分子が膨大な個数結合してできた分子です。この低分子を単位分子といいます。ポリエチレンなど多くの高分子では単位分子はただ1種ですが、ナイロンやペットでは2種、天然高分子のタンパク質では20種類になります。

　高分子の構造がまだはっきりしない20世紀初頭には高分子の構造を巡って大論争がありました。ただ一人の化学者vsその他全ての化学者というような論争でした。多くの化学者は高分子を単位分子が集まったものだと考えました。ところがシュタウディンガーただ一人は、高分子は単位分子が共有結合で結合したものだと言って譲りませんでした。

　シュタウディンガーは精力的な実験を重ね、ついに自説の正しいことを証明しました。これによって彼は1953年にノーベル賞を受賞し、以来高分子の父と言われています。

　つまり高分子は同じ構造の輪が連なった鎖のような構造なのです。

単純といえば、これ以上単純なものは無いというような構造です。

それでは彼以外の学者は間違っていたのか、といわれると、必ずしもそうとは言い切れない点もあります。シャボン玉はセッケン分子が集まってできた物ですが、セッケン分子の間に結合はありません。あるのは弱い引力だけです。細胞膜も似たようなものです。現在これらは超分子と呼ばれ、後の章で見るように、現代化学で最も活動的な分野を形成しています。

単位分子と高分子

高分子には多くの種類がありますが、最も簡単な構造の物はポリエチレンでしょう。ポリエチレンの"ポリ"はギリシア語の数詞で"たくさん"という意味を持ちます。つまりポリエチレンはエチレン$H_2C=CH_2$というエチレン分子がたくさん共有結合してできた物質なのです。エチレンからポリエチレンができる過程は多くの本に書いてあるマンガチックな図が最も良く説明しているでしょう。

つまりエチレンの二重結合は2本ずつの手による二重の握手なのです。エチレンはその片方の握手をほどき、空いた手で他のエチレンと握手して、この連鎖を際限なく続けてゆくというのです。1本のポリエチレン分子を作るエチレン分子は1万個にも上ります。

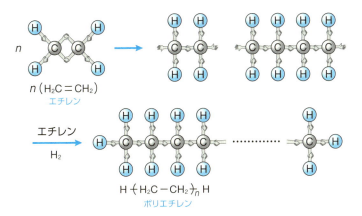

図6-3 ▶ 高分子形成のイメージ

COLUMN

炭化水素の炭素数

メタンCH_4は1個の炭素からできた炭化水素であり、家庭のキッチンに来ている都市ガスの成分で、もちろん気体です。炭素数5のペンタンC_5H_{12}は液体であり、ガソリンの成分です。炭素数15の炭化水素$C_{15}H_{32}$は液体ですが重油です。炭素数20の$C_{20}H_{42}$になるとパラフィンと呼ばれて固体になります。ポリエチレンは炭素数1万以上の$C_{1万以上}H_{2万以上+2}$になって、もちろん固体です。

つまり、気体のメタンも液体のガソリンも、固体のポリエチレンも全ては炭化水素であり、互いに兄弟のような関係にあるのです。このように、炭化水素の性質は、その分子を構成する炭素の個数によって大きく異なってくるのです。

3 ポリスチレンの性質と用途

 高分子にもベンゼン環を持った物があります。その様なもので最も単純で最も広く使われているのがポリスチレンです。

ポリスチレンの構造

 ポリスチレンは、エチレン分子の1個の水素をフェニル基で置換したスチレンが結合してできた高分子です。したがってその構造はポリエチレン分子の炭素に1個おきにベンゼン環が結合したものです。問題はこのベンゼン環の向きですが、三種あります。

 つまり全てのベンゼン環が炭素鎖の同じ側に並んだもの（アイソタクチック）、一つ置きに反対側に並んだもの（シンジオタクチック）、規則性の無いもの（アタクチック）です。現在、アタクチックとシンジオタクチックが実用化されています。一般に使われるのはアタクチックですが、シンジオタクチックは結晶性が高く、耐熱性も高いので工業用に用いられます。

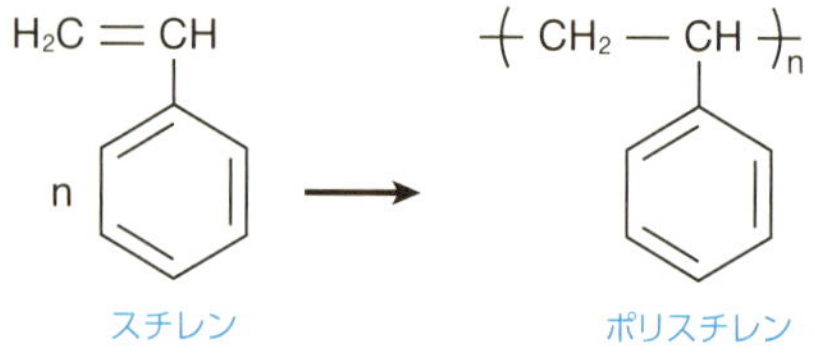

図6-4 ▶ポリスチレンの合成法

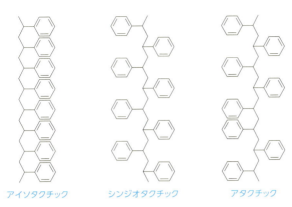

アイソタクチック　　シンジオタクチック　　アタクチック

図6-5 ▶ポリスチレンの構造例

 ## 発泡ポリスチレン

　ポリスチレンといえば発泡ポリスチレンが有名です。これは発泡剤を混ぜて成形したもので、ポリスチレンの泡の塊のような物です。泡の中には空気が入っているため、軽量で断熱性と衝撃吸収性に優れ、断熱材や梱包の緩衝材に使われます。ただし、各泡は閉じているため、グラスウールや綿などのような吸音性はありません。

 ## 共重合高分子

　高分子の中には何種類かの単位分子を混ぜて作ったものもあります。このような物を共重合高分子といいます。スチレンを単位分子の一つとした共重合高分子を見てみましょう。

a　AS樹脂

　　アクリロニトリル $H_2C=CHCN$ とスチレンからできたものです。

ポリスチレンと同様、透明な非晶性のプラスチックです。剛性や耐衝撃性でポリスチレンよりも優れています。熱に弱いが加工しやすいので、日用品や家具類に用いられます。

b ABS樹脂

アクリロニトリル、ブタジエン$H_2C=CHCH=CH_2$、スチレンの3種の単位分子からできた物です。剛性、耐衝撃性でAS樹脂より優れ、製品の艶、印刷インクの乗りも優れ、美しい製品ができます。そのため多くの家電製品、高級家具の表面加工などに用いられます。

c スチレン・ブタジエンゴム (SBR)

スチレンとブタジエンを単位分子として作った合成ゴムです。耐熱性、耐摩耗性、耐老化性、機械強度等に優れます。品質が安定し加工しやすいため、自動車用タイヤ材として最もよく使用されます。現在、最も多量に生産されている合成ゴムです。

表6-1 ▶ 共重合高分子の特徴

名前	原料	用途
AS樹脂	$H_2C=CH-CH\equiv N$ $H_2C=CH-\bigcirc$	容器 家電製品 自動車部材
ABS樹脂	$H_2C=CH-CH\equiv N$ $H_2C=CH-CH=CH_2$ $H_2C=CH-\bigcirc$	容器 家電製品 自動車部材
スチレン／ ブタジエンゴム (SBR)	$H_2C=CH-\bigcirc$ $H_2C=CH-CH=CH_2$	タイヤ ベルト

4 工業用プラスチック（エンプラ）

　一般に高分子は加熱すると軟らかくなり、そのために成形性に優れることになります。しかし、自動車のエンジン回りの機械部品などに使う場合には高い耐熱性が要求されます。熱くなったからといってグニャグニャされたのでは困ります。このように耐熱性を高めた高分子を特に工業用高分子、エンジニアリングプラスチックということでエンプラと呼ぶことがあります。

　エンプラは性能が優れているために、高価で少量生産という特徴があります。それに対してポリエチレンやスチレンは性能は劣るものの、安価で大量生産されるということで汎用性樹脂と言われることがあります。

　一般にエンプラはベンゼン環を含む高分子が多いのですが、代表的なものを紹介しましょう。

ケブラー
　典型的なエンプラであり、機械的強度も耐熱性も高く、ハサミでも切れないといわれます。そのため、成形性には劣ります。防弾チョッキなどに用いられます。

ノーメックス
　ケブラーに似ていますが分子構造は非対称です。そのため融点が低く、ケブラーより成形性に優れます。消防服などに用いられます。

ポリエチレンテレフタレート

　これは一般にペット(PET)と呼ばれますが、それはPolyethylene Terephthalate の頭文字をとったものです。ペットは一般にボトルなどに用いられます。また線維状にしたものはポリエステル繊維と呼ばれ、洋服の裏地などに用いられます。

ポリカーボネート

　透明性、耐衝撃性に優れています。そのため窓ガラスや自動車のガラスなどに用いられます。

表6-2 ▶ 工業用プラスチックの例

名称	原料	構造	性質
ポリアミド	H_2N-◯-NH_2, HOOC-◯-COOH	ケブラー	軽量 高強度 耐熱性
	H_2N-◯-NH_2, HOOC-◯-COOH	ノーメックス	軽量 高強度 耐熱性 難燃性 成形容易
ポリエステル	$HO(CH_2)_2OH$, HOOC-◯-COOH	ポリエチレンテレフタラート	熱安定性 電気的特性
ポリカーボネート	$COCl_2$, HO-◯-C(CH_3)$_2$-◯-OH		透明性 耐衝撃性 熱安定性

5 フェノール樹脂

　ここまでに見てきた高分子は全て熱可塑性高分子と言われるもので、高温になると軟らかくなるものばかりです。しかし高分子には高温でも軟らかくならない物もあります。

熱可塑性高分子と熱硬化性高分子

　ポリエチレンなどでできた安価な透明なプラスチック製コップに熱いお茶を注ぐとグニャグニャして危険です。このような高分子を一般に熱可塑性高分子といいます。

　しかし、家庭で使うプラスチック製のお茶碗に味噌汁を入れてもグニャグニャはしません。フライパンの握りや電気のコンセントもプラスチック製ですが、熱くなっても軟らかくなることはありません。このように、熱くなっても軟らかくならない高分子を一般に熱硬化性高分子といいます。

分子構造の違い

　本章でここまでに見てきた高分子は全て熱可塑性高分子です。熱可塑性高分子の分子構造は長い紐のような構造です。このような分子は低温では互いに絡み合って頑丈そうな固体になります。しかし高温になると紐状の分子は分子運動を活発化し、ミミズが動くように動き始め

す。この動きは温度と共に激しくなります。このため、高温になると軟らかくなり、ついには液体になって成形性に優れる、ということなります。

しかし、熱硬化性高分子はどのような高温になっても軟らかくなることはありません。無理に加熱すると木材と同じように焦げ始め、最後には燃えてしまいます。

なぜでしょう？それは分子構造に秘密があります。熱可塑性高分子を作る単位分子は反応点を2個しか持ちません。それに対して熱硬化性高分子の単位分子は反応点を3個持ちます。

この結果、熱可塑性高分子の分子構造は紐状、つまり鎖状構造となります。それに対して熱硬化性高分子は網目状の構造となるのです。つまり、お椀などの製品全体が網目状の分子でできていることになり、高温になっても分子は動くことができないのです。

フェノール樹脂の分子構造

熱硬化性樹脂には代表的なものが三種あります。フェノール樹脂、尿素（ウレア）樹脂、それとメラミン樹脂です。フェノールはベンゼンの誘導体ですから、これについて見てゆくことにしましょう。

フェノール樹脂の原料はフェノールとホルムアルヒド$H_2C=O$です。フェノールは置換基のヒドロキシ基に対して2個のオルト位（o）と1個のパラ位（p）、合わせて3カ所でホルムアルデヒドと反応することができます。そのため、フェノール樹脂の分子構造は網目構造となり、各原子はガッチリした網目構造に組み込まれるため、高温になっても動くことができない、つまり、軟らかくなることは無いのです。

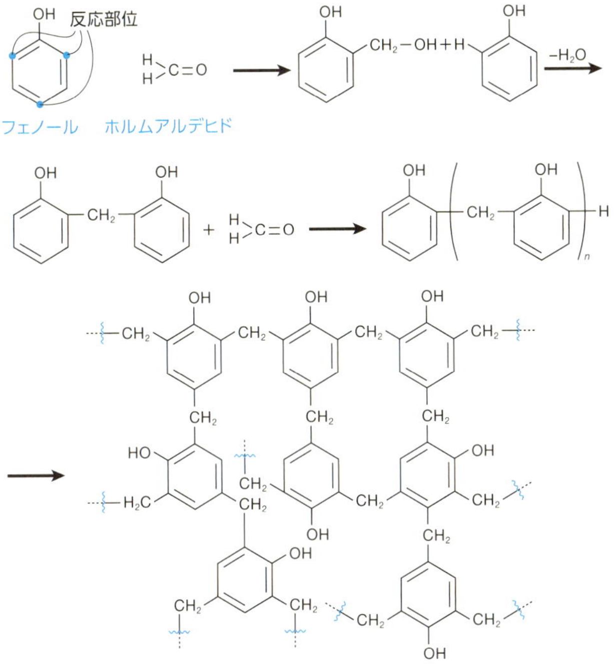

図6-6 ▶フェノール樹脂の合成

フェノール樹脂の問題点

　このようなフェノール樹脂にも問題点はあります。加熱しても軟らかくならないフェノール樹脂をどのように成形してお椀や、まして複雑な構造のコンセントにすることができるのでしょう。木材を成形するように切ったり削ったり、ろくろでくりぬいたりするのでしょうか？

　そんな面倒なことはしません。フェノール樹脂の赤ちゃんを使うのです。まだ完全に反応していない、反応途中の赤ちゃん高分子を型に入れます。そして加熱すると、型の中で高分子化反応が進行し、型の通

りのプラスチックが出来上がります。これは型に水で溶いた小麦粉を入れて加熱する人形焼や鯛焼きと同じ原理です。

　もう一つの問題点は、原料であるホルムアルデヒドです。これは毒性物質です。シックハウス症候群は建材の接着剤などに使った熱硬化性樹脂から漏れ出したホルムアルデヒドによるものといわれます。反応式を見れば分かる通り、反応が完結してフェノール樹脂になれば、ホルムアルデヒドは消滅します。原理的にはシックハウス症候群は起きるはずはないのです。

　しかし、化学反応が100％進行することもありません。多くの場合は、低い濃度ながら未反応の反応原料が製品に残ります。シックハウス症候群はこのような未反応のホルムアルデヒドが空気中に漏れ出して起こった事件なのでした。現在では未反応のホルムアルデヒドを残さない反応様式、あるいはホルムアルデヒドを使わない製品などが開発され、問題は解決の方向に向かっています。

図6-7 ▶ 熱硬化性樹脂の製造法

第7章

ベンゼン環からなる新素材

1 ダイヤモンドとグラファイト

　人間の生活に役立つ道具、機器を作るのに用いる原料を一般に素材と言います。古くから用いられている素材としては木材、岩石、金属、繊維などが知られています。

　現代の素材として広く用いられているものにはプラスチック、合成繊維、合成ゴムなどの高分子があります。前章で見たように高分子にはベンゼン骨格を持ったものがたくさんあります。つまり、ベンゼン環は素材として現代社会で大活躍しているのです。

　ベンゼンの構造からわかるように一般の高分子は少なくとも炭素と水素という二種類の原子からできています。最近注目されている素材に、炭素だけからできている素材があります。つまり、炭素の単体なのです。炭素は単体の種類が多いことに特色があります。ここではこのような炭素単体の素材を見てみることにしましょう。

ダイヤモンド

　ダイヤモンドは炭素の単体であり、炭素だけからできた分子です。炭素の単体にはグラファイト(黒鉛)もありますが、グラファイトは鉛筆の芯に使われることで有名なように真っ黒の物質です。それに対してダイヤモンドの純粋な物は無色透明です。

　これはダイヤモンドとグラファイトの分子構造の違いにあります。次

項で見るようにグラファイトを構成する炭素は全てがsp^2混成状態であり、グラファイトはベンゼン環が無数に縮合した構造です。つまり、無限に長い共役二重結合を持っています。そのため、全ての可視光線を吸収してしまいます。その結果、光がなくなって黒く見えるのです。

それに対して、ダイヤモンドを構成する炭素は全てがsp^3混成状態であり、全ての結合が一重結合です。つまり、可視光線を吸収することがありません。そのために無色透明なのです。ダイヤモンドには本書の主題であるベンゼン環がありませんので、ここで詳しく述べることはしませんが、ダイヤモンドは女性の指や胸を飾るだけでなく、電子素子の素材として大活躍する資質を持った優れた炭素素材であるということはご記憶ください。

グラファイト

鉛筆の芯の成分としてよく知られた黒鉛は英語でグラファイトと呼ばれます。昔からよく知られたありふれた物質ですが、現在、最先端の炭素素材の原型として注目されています。

グラファイトの構造は図7-1Bのようなものです。つまり、昔、鶏を入れる鳥かごに使われた金網のように、六角形が連続した平面が何層にもわたって積み重なった構造です。この層は力を加えると滑るようにしてずれますが、これが鉛筆の芯が滑らかに滑って黒い線を描ける理由になっています。

グラファイトの炭素は全てベンゼンと同じsp^2混成状態であり、混成軌道で結合してσ結合からなる6角形の連続骨格を作ります。一方、

全ての炭素上にあるp軌道は横腹を接してπ結合を作り、分子平面全体に広がる非局在π結合を作っています。すなわち、グラファイトの一層はベンゼン環が無限に縮環したものと考えることができます。

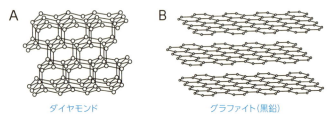

ダイヤモンド　　　　　　グラファイト(黒鉛)

図7-1 ▶ グラファイトとダイヤモンド

アダマンタン

ダイヤモンドの構造は同じような単位構造が延々と続くので、構造の詳細が分かりにくいようです。ダイヤモンドの単位構造に相当する分子をアダマンタン$C_{10}H_{16}$といいます。アダマンタンは実在の化合物であり、合成もできます。アダマンタンのどの炭素に何個の水素原子がどのような方向に結合しているのかを考えるのは頭の体操になるのではないでしょうか？

図7-2 ▶ アダマンタン

2 グラフェン

最近、グラフェンが注目されています。2010年イギリスの二人の科学者アンドレ・ガイム教授とコンスタンチン・ノボセロフ教授はグラフェンの研究でノーベル物理学賞を受賞しました。

グラフェンの構造

グラフェンというのは、グラファイトを構成する一層の分子層の事をいいます。構造は上で述べた通りです。グラフェンは言ってみれば古い研究素材です。何層にも積み重なった物はグラファイトとして既に研究済のようなものです。グラファイトを薄く剥がしての研究も古くから行われており、日本でも30層程度に剥がしたものの研究は行われていました。

二教授の研究がノーベル賞というブレークスルーを起こしたのは、グラファイトを極限の一層に剥がしたことによると言って良いでしょう。何事にも妥協はいけないという証明のようなものです。それでは、この剥がすことに成功したのはどのような技術によるものなのか？それがなんとビックリです。セロテープなのです。グラファイトの塊の両面にセロテープを貼り、それを剥すことによって次々と薄い層にし、最終的に極限の1層に達したというわけです。

グラフェンの価格は、発見当初は1g当たり100万円とも1000万円ともいわれました。しかし現在では真空中で炭素を結合させることに

よって大量生産が可能になり、何と1g当たり数万円で購入できるそうです。この価格は今後も需要の拡大と共に下がり続けることでしょう。

 ## グラフェンの性質

グラフェンの機械的性質は軽くてしなやかで丈夫ということです。引張強度はあらゆる物質の中で最高といわれます。伝導性にも優れており、熱伝導性は銅並み、電気伝導性は銀並みといわれます。特に電子の移動速度はあらゆる物質中最高であり、光速の1/300に達するといわれます。

グラフェンの電気的特性は2枚の層を重ねることによって独特のものになります。つまり2枚の層を、角度を変えて重ねます。すると角度によって絶縁性になったり、超伝導性になったりするといいます。また少量の酸素を不純物として加える(ドープする)ことによって電気特性が変わります。

このようなことから、グラフェンは電子素子の基盤、透明電極などへの利用が考えられています。作成されて間もない素材なので、その応用はこれから広がってゆくことでしょう。

後に詳しく見るカーボンナノチューブやフラーレンはグラフェンを変形したものと考えることができます。

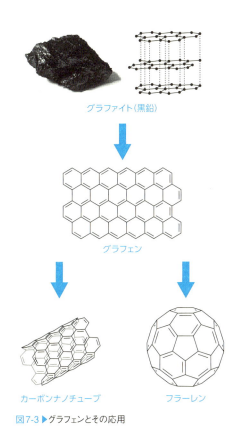

図7-3 ▶グラフェンとその応用

3 炭素繊維

　グラフェンの実用版とも言えそうなのが炭素繊維です。炭素繊維はグラフェンが繊維状になったものということができます。炭素繊維は開発の初期には日米合同で行いましたが、途中でアメリカがぬけたので、日本で開発した新素材と言われます。

炭素繊維の製造

　炭素繊維には原料と製法の違いにより、パン系とピッチ系があります。パン系はアクリル樹脂から作り、ピッチ系は原油の蒸留残渣のピッチから作ります。

　パン系の合成経路は図に示した通りです。アクリル樹脂ポリアクリロニトリル1はアクリロニトリルから作る高分子であり、アクリル繊維としてカシミヤ風のセーターやぬいぐるみなどに使われるものです。このアクリル樹脂を加熱すると窒素と炭素の間に結合ができ、6員環構造が連続した高分子2となります。2を更に加熱すると脱水素が起こり、ピリジン環が連結した3となります。これを700℃ほどに加熱すると窒素が脱離してベンゼン環が生成した4となり、更に加熱するとベンゼン環だけでできたグラフェンと同じ構造5なります。これが炭素繊維です。

　ピッチ系はピッチを加熱することによって最終的に5のような構造の繊維になるのですが、その途中経過は明らかでありません。

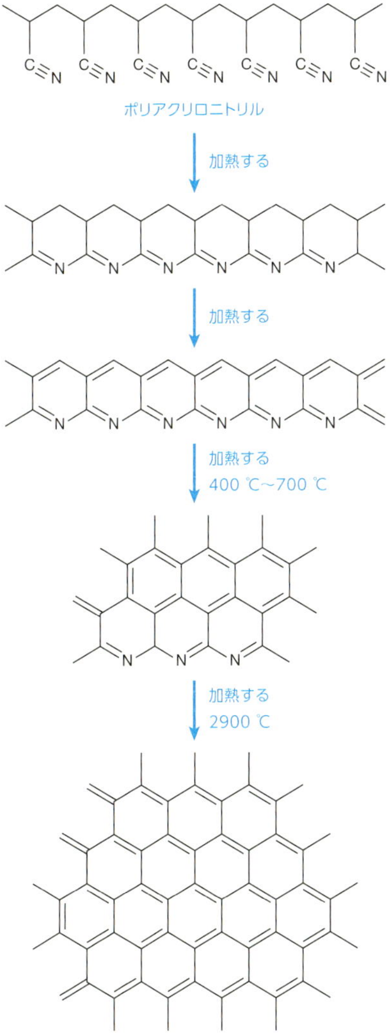

1 アクリロニトリルが原料

ポリアクリロニトリル

↓ 加熱する

2 窒素Nと炭素Cが結合する

↓ 加熱する

3 水素が脱離する

↓ 加熱する
400 ℃〜700 ℃

4 窒素が脱離する

↓ 加熱する
2900 ℃

5 炭素繊維の出来上がり!

図7-4 ▶ 炭素繊維の合成法

炭素繊維の性質・用途

炭素繊維の最大の特徴は軽くて丈夫ということです。比重は鉄の1/4でありながら強度は鉄の10倍といいます。その他にも、耐摩耗性、耐熱性、熱伸縮性、耐酸性に優れています。電気伝導性もあり、炭素繊維製の釣竿が高圧線に触れて感電事故を起こすことがありますが、伝導性は金属ほど大きくはありません。

欠点としては強度に異方性があるということが上げられます。異方性と言うのは木材の板のように力を加える方向によって強度が異なるということです。

炭素繊維は炭素繊維だけで材料として使われることはほとんどありません。布として編まれ、それを重ねて熱硬化性樹脂に浸して、グラスファイバーのようなマトリックス素材として使います。このため、一度完成させるとその後改修、修復が困難など、使用にはノウハウが必要と言われます。また使用後の分別回収も困難です。炭素繊維は軽くて丈夫という特質を生かして航空機に使われ、最近完成したボーイングB787では機体重量の50％が炭素繊維で占められているといいます。大変に優れた材料だけに軍事用の素材としても高い需要を持っています。そのため軍事物質の扱いを受け、輸出には厳しい制限が設けられています。

図7-5 ▶航空機に使われている炭素繊維

複合素材

　何種類かの素材を組み合わせた素材を特に複合素材といいます。最も身近な例は鉄筋コンクリートです。これは鉄とセメントを組み合わせた素材です。鉄は引っ張りに強いですが圧縮に弱いです、反対にセメントは圧縮に強いですが引っ張りに弱いです。この両者を組み合わせた鉄筋コンクリートは引っ張りにも圧縮にも強くなるのです。

　グラスファイバーはガラスを細い繊維にして布に織った物を熱硬化性樹脂で固めたものです。小型船舶や家庭の風呂桶などにさかんに使われています。その他にもアルミニウムの繊維を使ったものなど、多くの種類の複合素材があります。

 カーボンナノチューブ

　カーボンナノチューブはバッキーチューブとも言われ、グラフェンでできた長い円筒のような分子です。

カーボンナノチューブの構造

　カーボンナノチューブの構造はグラフェンを丸めて円筒にしたものと言えば分かりやすいでしょう。ただしグラフェンの合わせ目は単に重ねたような構造ではなく、キッチリと合わさっており、切れ目はありません。また一般に両端は閉じています。この閉じ口もキッチリしたものです。

　6員環ベンゼン環でできた円筒の直径を細くするには環を5員環にすれば良く、反対に広げるには7員環にすれば良いことになります。カーボンナノチューブの直径は一般に端から端まで一定ですが、中には途中に7員環が混じって直径が大きくなったものもあります。

　カーボンナノチューブの直径や長さはいろいろであり、直径は20 nm 〜 50 nm、長さは一般に5 μm 〜 15 μmですが最近2 cmの長さの物の作製に成功したそうです。

　カーボンナノチューブは単層のグラフェンからできている物だけではなく、中に細い管が入った多層構造の物もあります。7層のものが発見された例もあります。

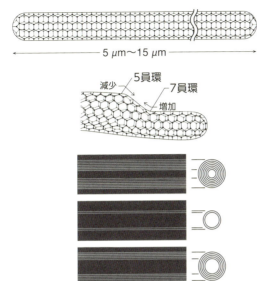

図7-6 ▶ カーボンナノチューブ

カーボンナノチューブの性質と用途

　カーボンナノチューブの性質はグラフェンの性質の延長であり、機械的には軽くしなやかで丈夫ということです。電気的には伝導性であり、銅の1000倍の電流密度に耐えると言います。

　このような性質を利用して半導体に用いる試みがなされています。機械的強度は、将来実現しそうな人工衛星と地上を結ぶ宇宙エレベーターのケーブル、あるいは宇宙空間に設置した太陽電池の電力を地上に送るためのワイヤーに利用するなどの計画もあります。

　また、カーボンナノチューブの内部には他の分子、例えば薬剤を入れることも可能なので、薬剤を患部に優先的に届ける薬剤配送システム

DDS(Drug Delivery System)に使おうとの試みもあります。

　ただし、カーボンナノチューブは、肺の中皮腫の原因として社会問題になったアスベストの繊維よりも更に細いため、吸い込んだ場合には同じような被害が起こる可能性があります。そのため、アメリカ化学会では研究者に注意を喚起しています。

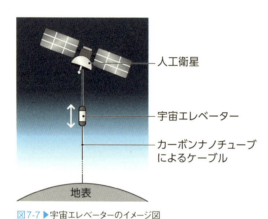

図7-7 ▶宇宙エレベーターのイメージ図

5 フラーレン

　フラーレンはグラフェンで作った球です。フラーレンが最初に発見されたのは1985年の事で、英国の科学者ハロルド・クロトーと米国の二人の科学者リチャード・スモーリーとロバート・カールによって行われました。3人はこの業績によってノーベル化学賞を受賞しました。

フラーレンの構造

　フラーレンの大きさはいろいろありますが、最も小さくて最も良く知られているのがC_{60}フラーレンです。C_{60}と言うのは60個の炭素原子から出来ているという意味であり、他にも70個、74個、78個など、いろいろの個数の炭素でできたフラーレンが知られています。しかし完全な球形をしているのはC_{60}フラーレンだけであり、他の物は回転楕円体形をしています。

　フラーレンはベンゼン環と同じ6員環と5員環の組み合わせからできていますが、どのように大きなフラーレンでも5員環の個数は12個に決まっていることが知られています。また、5員環が連続することもありません。フラーレンの中にはナトリウムなどの金属原子が入ることもできます。

　フラーレンは結晶となるので、単結晶X線解析によって構造を解析できますが、その完全球体形のため、絶対零度に近い低温でも回転しているため、当初は解析が困難でした。しかしフラーレンに化学反応をし

て出っ張りを付けた物（例、PCBM）を合成し、解析に成功しました[*1]。

 ## フラーレンの合成

　クロトーらがフラーレンを作った方法は炭素をレーザーで蒸発させた後に再結合させるというものでした。現在はベンゼン、トルエンなどを不完全燃焼させることで大量生産に成功しており、トン単位で合成することが可能になっています。

　実用的な価値はともかくとして、化学合成で合成する試みも長い間続けられましたが、これも2002年に成功しています。

 ## フラーレンの性質

　フラーレンやグラファイト、カーボンナノチューブ等、炭素原子だけでできた物質は全て溶解性の低い結晶であり、利用するのに不便です。しかしフラーレンは付加反応などの化学反応により容易に誘導体を合成することができます。このようにして作ったPCBMやICBAは溶解度が高く、溶液処理が可能な電子材料へ誘導することができます。

　フラーレン誘導体は電子を吸引してn型半導体（167ページ）となることが知られています。また、活性酸素やラジカル電子を吸収する性質もあります。

　フラーレンはその内部空間にサイズの小さい原子や分子を収容する

[*1] 全ての分子は温度（熱エネルギー）に見合った運動をしています。常識的に静止しているように見える結晶状態の分子でも、原子レベルで見れば振動、回転しています。単結晶X線解析で分子構造を解析するためには、分子は静止していなければなりません。フラーレンのように完全球体に近い分子はわずかの熱エネルギーででも回転を起こしてしまうのです。

ことができます。フラーレン生成時にある種の金属元素を加えておくと、骨格内に金属原子を包み込んだ金属内包フラーレンを合成することができます。また有機化学的な手法によってフラーレン骨格に穴を開け、水分子を封入した上で穴を閉じて、水内包フラーレンを合成した例もあります。

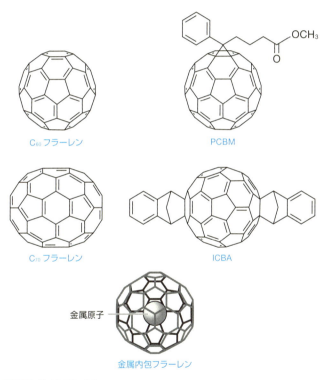

図7-8 ▶様々なフラーレン

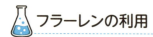フラーレンの利用

フラーレンはいろいろの面で利用が検討されています。

a 機械的用途

分かりやすいのはボールのように丸いC_{60}フラーレンを潤滑剤として使おうというアイデアです。基礎研究の段階ではC_{60}フラーレンをボールベアリングのボールのように用いると動摩擦をほぼゼロにできる事が分かっています。

b 医療的効果

フラーレンの活性酸素やラジカル電子を消去する作用により、美肌効果や肌の老化防止効果があるとされ、美容液やローションなどに配合されています。

ヒト免疫不全ウイルス(HIV)の特効薬としての利用が検討されています。HIVは増殖の際にHIVプロテアーゼという酵素を必要とします。ところがこの酵素には脂溶性の空隙があり、ここにちょうどフラーレンがはまり込んでその作用を阻害するのです。

c 遺伝子工学

遺伝子の導入にフラーレンが有効であることが判明しています。C_{60}フラーレンに四つのアミノ基をつけた水溶性のアミノフラーレンはDNAと結合することができます。このDNAは細胞膜を通り抜けることができ、その後フラーレンを分離してDNAとしての機能を発現します。

遺伝子導入には今までウイルスや脂質類似物を「運び屋」として使いましたが、臓器障害などの安全性に問題がありました。しかしフラーレンを用いた遺伝子導入には臓器障害が見られず、しかもアミノフラーレンは安価で大量生産できるため、遺伝子治療に有効な手法となるものと期待されています。

第8章

ベンゼン環化学の これから

第8章　ベンゼン環化学のこれから

導電性高分子

　20世紀後半からの科学の発展は当事者が恐ろしくなるほどの勢いです。化学の発展も同様です。化学者のそれまでの常識が覆される勢いです。その様な発展の一翼を担っているのはベンゼン環化合物であると言っても過言ではないでしょう。

電流とは

　本章では電気や電流の話が出てきます。電流とは化学的に見たらどのようなものなのか？を明らかにしておいた方が理解しやすいでしょう。電流の定義は簡単です。電流とは電子の移動、流れです。電子が地点Aから地点Bに移動したとき、電流はBからAに流れたと言うのです。向きが反対になっているのは電子の荷電がマイナスであるからだ、という説もありますが真偽は定かではありません。

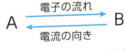

図8-1 ▶ 電子の流れと電流の関係

　電子が移動しやすい物質は電気抵抗の小さい良導体であり、電子が移動できなければ絶縁体、その中間が半導体というわけです。いくつかの物質の伝導度を図8-2に示しました。

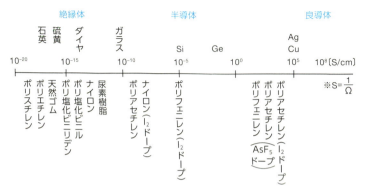

図8-2 ▶物質の電導度

 ## 導電性高分子の原理

　私が学生の頃、有機物は絶縁体で"電気を通さない"というのが常識でした。しかし、この常識は覆されたのです。

　2000年、ノーベル化学賞は日本の科学者白川英樹博士に授与されました。研究課題は「導電性高分子」、要するに電気を通す高分子です。高分子にはいろいろあります。無機物の高分子もあります。しかし博士が研究したのは紛れもなく有機物の高分子です。すなわち「有機物も電気を通す」ことが証明されたのです。

　博士が研究した高分子はアセチレン$HC \equiv CH$が高分子化したポリアセチレンでした。似た高分子にエチレン$H_2C=CH_2$が高分子化したポリエチレンがあります。両者はどこが違うのでしょうか？それは図を見れば明らかです。ポリアセチレンの結合は二重結合と一重結合が一つ置きに延々と連なっています。つまり、非常に長い共役二重結合となっているのです。

共役二重結合は分子全体に広がるπ結合の電子雲を持っています。つまり、このπ電子が電子雲の中を右から左に移動すれば、左から右に電流が流れることになる。科学者はその様に考えました。しかし残念ながらポリアセチレンは電気を通さない絶縁体でした。

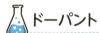
ドーパント

ここで白川先生の思いついたのは高速道路の渋滞だったといいます。「渋滞道路で自動車が立ち往生するのは自動車が多いからだ。自動車を間引いて少なくすれば渋滞は解消される」。そこで、電子を引き付ける作用のあるヨウ素I_2を不純物（ドーパント）として加えた（ドーピングした）のです。効果は驚くべきものでした。ドーピングされたポリアセチレンは金属並みの伝導性を示したのです。

この基本原理の発見の後は、高分子の安定性、工作のしやすさなど、付帯的な性質の改良を目指して各種の導電性高分子が開発されました。その様な物の中に、共役二重結合化合物であるベンゼン環を持ったポリフェニルビニレンやポリフェニレンサルファイドなどの高分子が登場するのは当然といえば当然の話です。導電性高分子はATMなど各種のタッチパネル、リチウム電池の電極、アルミ電解コンデンサー、帯電防止フィルムなど各種のものに使われています。

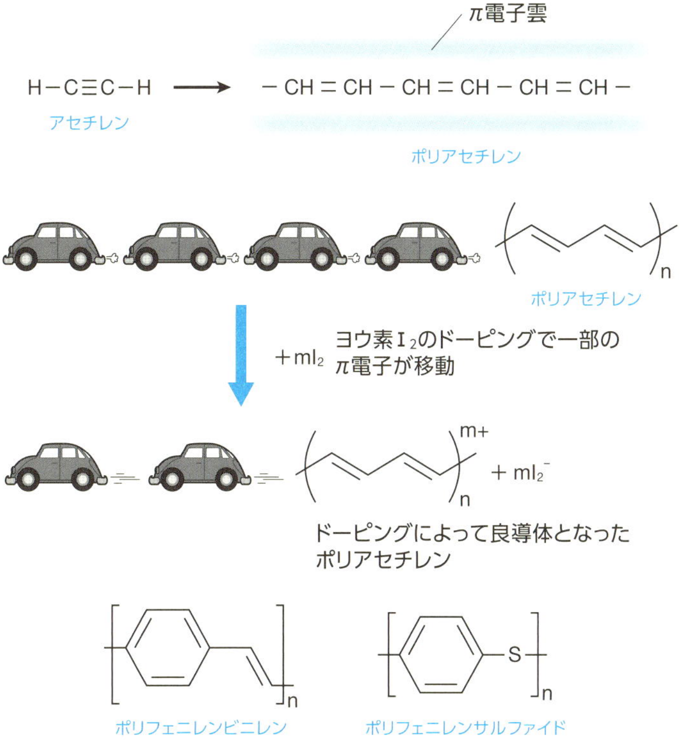

H−C≡C−H ⟶ − CH = CH − CH = CH − CH = CH −

アセチレン

π電子雲

ポリアセチレン

$\left[\text{（ポリアセチレン構造）}\right]_n$

ポリアセチレン

+ mI_2　ヨウ素 I_2 のドーピングで一部の π電子が移動

$\left[\text{（構造）}\right]_n^{m+}$ + mI_2^-

ドーピングによって良導体となったポリアセチレン

ポリフェニレンビニレン　　ポリフェニレンサルファイド

図8-3 ▶ 導電性高分子の仕組みと例

2 有機太陽電池

　化石燃料を用いた火力発電は二酸化炭素を発生して地球を温暖化する、原子力発電は事故を起こすと壊滅的な被害を与えるということで、風力発電や太陽光発電などの再生可能エネルギーが脚光を浴びています。

太陽電池の利点と弱点

　太陽電池の外観は簡単に言えばガラス板です。その表と裏から導線が伸びており、そこに適当な電球を繋いで太陽光を照射すれば点灯します。つまり、動く部分は何もありません。したがって故障の心配はありません。もちろん燃料も冷却剤も必要ありません。したがって廃棄物もありません。一度屋根の上に設置すれば、台風などで壊れない限り、発電し続けます。

　太陽電池の基本はこのように、夢のようなものです。太陽電池は屋根の上ばかりでなく、太陽光が照射するところだったら何処にでも設置できます。したがって、電力を使用するその場所に設置できます。つまり、地産地消であり、送電設備の費用も、そのメンテナンスの費用も、電力の送電ロスも起こりません。問題は単位面積の発電力が小さく、発電量が天候に左右されるということです。

不純物半導体

太陽電池は半導体の塊です。半導体について見ておきましょう。半導体の基本は半導体の性質を持った元素です。これにはシリコン（ケイ素）SiやゲルマニウムGeなどがあります。このような半導体を元素半導体と言います。

しかし元素半導体は伝導度があまりに低く、太陽電池には向きません。そこでこれらに少量の添加物を加えて改質します。このようにして作られた半導体を不純物半導体といいます。

普通の太陽電池はシリコン太陽電池といい、シリコンを母体とした不純物半導体を用います。シリコンは14族元素で価電子を4個持っています。それに対して13族元素は価電子を3個、15族元素は価電子を5個持っています[*1]。

シリコンに少量の15族元素、例えばリンPを混ぜると、価電子の平均個数は4個よりも多くなります。このような半導体をnegativeという意味でn型半導体といいます。反対に13族元素、例えばホウ素Bを混ぜると価電子の平均個数は4個より少なくなります。このような半導体をpositiveという意味でp型半導体といいます。

太陽電池の構造

太陽電池の構造は簡単至極です。図8-4に示したように、上から透

[*1] 原子が持っている電子のうち、最外殻（第2章参照）に入っている電子を価電子と言い、価電子は原子の性質に大きく影響します。各原子が持つ価電子の個数は周期表に端的に現れており、1族、2族はそれぞれ1個、2個、そして13族から17族はそれぞれ3個から7個となっています。

明電極、極薄のn型半導体、普通の厚さのp型半導体、そして一番下に金属電極を重ねただけの物です。発電は両半導体の接合面、つまりpn接合面で起こります。

太陽電池に太陽光が射すと、光は透明電極、極薄のn型半導体を通過してpn接合面に到達します。すると、この光エネルギーを半導体の電子が吸収して励起状態となり、n型半導体を通過して透明電極に達し、そのまま導線を通って反対側のp型半導体に達し、半導体を通って元のpn接合面に戻ります。

つまり、電子が移動し、電流が流れたのです。導線の途中に適当な電球を繋げば点灯します。

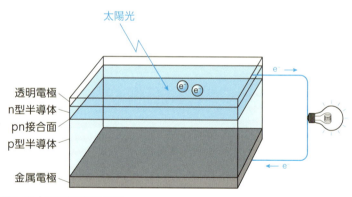

図8-4 ▶ 太陽電池の構造と原理

シリコン太陽電池の問題点

このようにシリコン太陽電池は原理も構造も簡単であり、優れた物ですが欠点もあります。それはシリコンが高価ということです。シリコン

は地殻中で酸素に次いで2番目に多い元素であり、枯渇の心配は全くありません。

問題はシリコンの純度です。太陽電池に用いるためにはセブンナインつまり99.99999％と9が7個並んだ純度が必要です。このような高純度のシリコンを作るのには設備費、電力費用などが大変なことになります。そのためシリコン太陽電池は高いのです。

有機太陽電池

有機太陽電池はその名前の通り、有機物を用いた太陽電池です、シリコンは一切使いません。そのため、製造が容易で設備費も電力量も少なくて済みます。そのうえ、有機物ですから軽くて柔軟で折り畳みも自由です。色彩だって自由自在です。プラスチックの観葉植物のような電池もできています。

現在実用化されている有機太陽電池には二種類あります。有機薄膜太陽電池と有機色素増感太陽電池です。このうち、ベンゼン環化合物を主に用いているのは有機薄膜太陽電池です。これは半導体を有機物で作るものです。p型半導体、n型半導体の例を図に示しました。前章で見たフラーレンやカーボンナノチューブが活躍していることに注意してください。

有機薄膜太陽電池の構造はシリコン太陽電池と同じです。半導体を溶剤に溶いてペンキのように塗り重ねれば良いだけです。

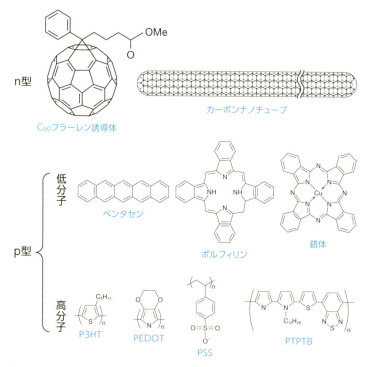

図8-5 ▶有機半導体の例

　このように優れた有機太陽電池ですが、欠点もあります。それは発電効率（変換効率）が低いことです、シリコン太陽電池が15％以上なのに、有機薄膜太陽電池は10％程度です。また、有機物の宿命として耐久性が低いこともあります。しかしこれは丈夫なプラスチックでコーティングすることで防ぐことが出来そうです。

　有機太陽電池の持つ長所を考えると、コストパフォーマンスはシリコン太陽電池に負けないものがあり、需要は伸びているといいます。

3 有機EL

有機ELのELはElectro Luminescence、つまり有機物が電気によって発光する現象です。有機分子の発光は珍しいことではありません。ホタルやキノコ、あるいは深海魚の発光は有機分子によるものですし、先に見た蛍光染料のエスクリンは紫外線を発光していました。

有機ELの原理

有機ELの発光原理はエスクリンの発光原理と同じです。エスクリンでは基底状態エスクリンが太陽光（紫外線）のエネルギーによって励起状態になりました。有機ELでは電気エネルギーによって励起状態になるのです。この励起状態が基底状態に戻る時に放出するエネルギーによって発光するのですが、有機ELの場合には放出エネルギーが小さいので可視光線を放出することになるというわけです。

有機ELの構造

有機ELの構造は太陽電池と同じように単純です。つまり、2枚の電極によって有機物をサンドイッチします。まず観察者（視聴者）の側に陽極としての透明電極があります。その奥に三種の有機物、すなわち陽極電子輸送層、発光層、陰極電子輸送層の三種の有機物が並び、一番奥に金属製の陰極電極があります。視聴者は透明電極を透かして画

面を見ることになりますが、これは現在の液晶モニターと全く同じです。

スイッチを入れると陰極を出発した電子は陰極輸送層の有機物を通って発光層の有機物に達してここで発光が起こります。その後陽極輸送層の有機物を通って陽極に達すると言う仕組みです。

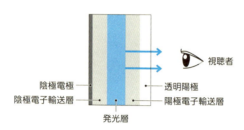

図8-6 ▶有機ELの仕組み

 有機物の構造

二種の輸送層、発光層に使われる有機分子の例を図に示しました。いずれもベンゼン環のオンパレードといった感があります。特に発光層分子は基本的に色素であり、それぞれ固有の色で発光します。色素は有機物の得意とするところですから、さまざまな色の光を発光できます。つまり、赤、緑、青という光の三原色を揃えることができるのです。三原色がそろえば白色光を含めてすべての色の光を作ることができることになります。

輸送材料の例

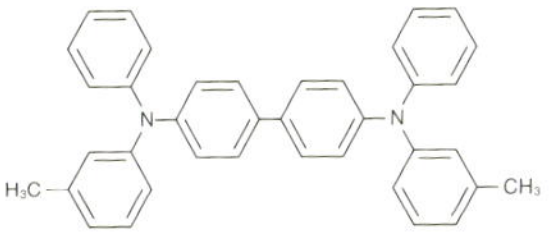

陽極輸送材料

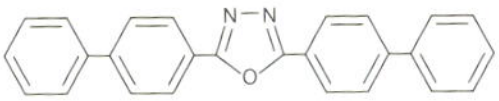

陰極輸送材料

発光材料の例

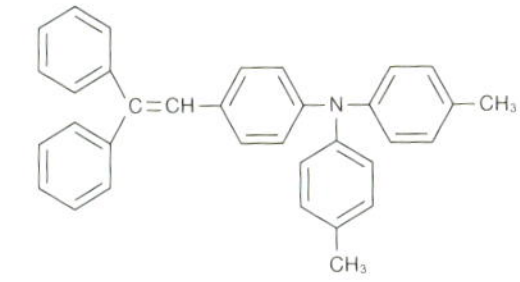

PSD（460nm）

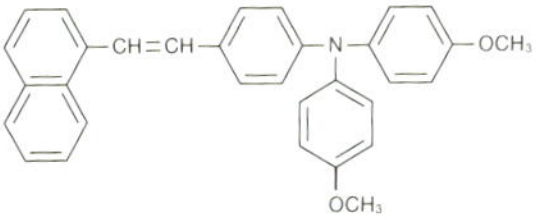

NSD（520nm）

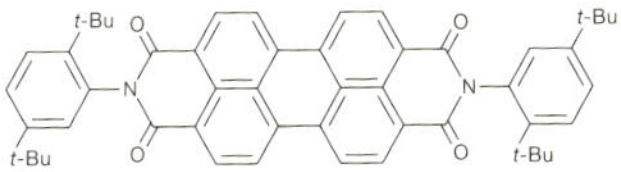

(PD) (620 nm)

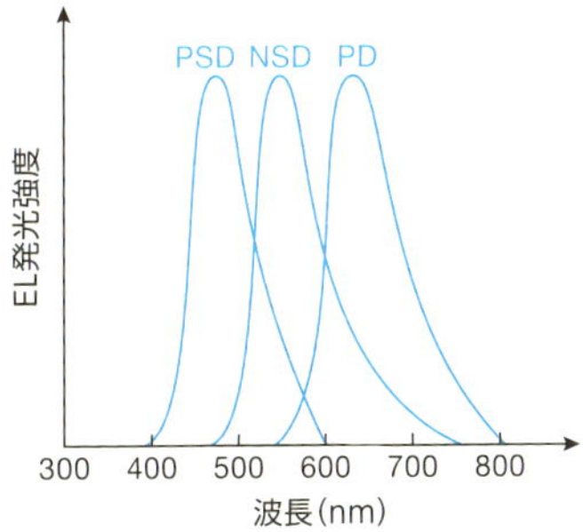

図 8-7 ▶ 有機 EL の材料

有機 EL テレビのメリット

　有機 EL を利用した有機 EL テレビは次世代テレビとして期待されています。有機 EL テレビと従来の液晶テレビの違いを見てみましょう。液晶テレビの液晶は発光しません。逆に光を遮るのです。つまり液晶テレビは影絵の原理で画像を表すのです。

　液晶テレビの一番奥には、常に輝き続けている発光パネルがあります。この前に液晶の入った液晶パネルがあり、この液晶が電気によっ

て動くことによって発光パネルの光を遮ります。視聴者はこのようにして液晶の間をすり抜けて出てきた光を観察しているのです。

つまり、液晶テレビでは発光パネルと液晶パネルという2枚のパネルが必要になるのでそのぶん厚くなります。また画面が黒い時にも発光パネルは輝き続けているので余分の電気エネルギーが必要です。発光パネルの光が漏れるので、鮮やかな黒を出すのが苦手です。液晶分子の動きには時間がかかるので、素早い画像の動きは苦手になります。初期の液晶テレビではサッカーボールが尾を引くといわれましたが、それはこのためです。

有機ELテレビにはこのような問題はありません。薄いだけでなく、曲げることも可能です。ロールカーテンのように見たい時だけ伸ばし、不必要なときは巻き上げるということも簡単です。

有機ELの研究は日本が一番進んでいると言われます。しかし実用化は韓国などに遅れをとっています。今後日本でも有機ELを用いたテレビ、パソコン、スマホが流行ってゆくことでしょう。

4 有機超伝導体

　金属の電気伝導度は温度の低下とともに上がります。そして絶対温度0度近くの極低温（臨界温度）になるとある種の金属では伝導度＝無限大、電気抵抗＝0になります。つまりジュール熱[*2]の発生が無くなるのです。これはコイルに大電流を流すことができることを意味します。これを利用したのが超強力な超伝導磁石です。脳の断層写真を撮るMRIも、リニア新幹線の車体を浮上させるのも超伝導磁石です。

　近年、かつて電気を流さない絶縁体とされた有機物でも超伝導現象を発現するものが開発されました。有機超伝導体です。そしてここでもベンゼン環などの芳香族化合物が活躍しているのです。

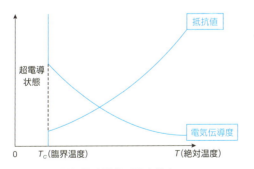

図8-8 ▶ 超伝導物質の抵抗値と電気伝導度

[*2] 一般に電流と言うのは自由電子の流れのことを言います。金属は価電子を放出した陽イオン（金属イオン）と、放出された価電子（自由電子）からできています。金属の両端に電圧を加えると金属内の自由電子は移動して電流となります。移動する電子は陽イオンに衝突し、陽イオンを激しく振動させます。陽イオンが振動するということは熱運動が激しくなることを意味します。つまり、金属の温度が上がるということです。このようにして発生する熱をジュール熱といいます。

電荷移動錯体

有機分子のなかには電子を放出してプラスに荷電しやすい電子供与体（Donor）Dと、反対に電子を受け取ってマイナスに荷電しやすい電子受容体（Accepter）Aがあります。AとDを混ぜると、DからAに電子が移動してA⁻D⁺という分子の対ができます。このような分子対を一般に電荷移動錯体といいます。

電荷移動錯体を結晶化させると、ある錯体ではAはA、DはDと分かれて列をつくりますが、ある物ではADADと混じって列を作ります。前者を分離積層型、後者を交互積層型と言います。分離積層型の電荷移動錯体は電気を流すことが分かりました。つまり有機伝導体です。

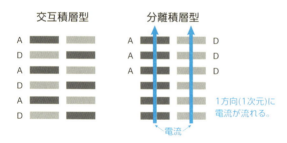

図8-9 ▶ 電荷移動錯体の配列

電子供与体と芳香族性

電子供与体として期待されたのが、7員環状共役系が2個連結したヘプタフルバレンでした。図に示したようにこの分子では、各環内に7個のπ電子があります。先に見たヒュッケル則によれば、環状共役化合

物が芳香族となって安定化するのは環内に6個の電子があるときです。

つまり、ヘプタフルバレンでは、各環に1個ずつの電子が余計になっているのです。ということは、この分子は2個の電子を放出して各環内の電子を6個ずつにして安定化する可能性がある。つまり、電子を放出する電子供与体として働く可能性があることになります。しかし、実際に合成して見ると、この分子（イオン）は両環の肩（ペリ位）にある水素が衝突して不安定になることが分かりました。

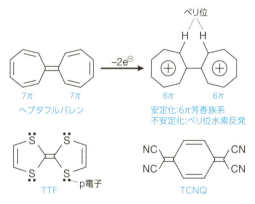

図8-10 ▶ 電子供与体と電子受容体

硫黄原子の導入

そこで考え出されたのが、7員環の二重結合の一つを硫黄原子Sに置き換えると言うものでした。sp^2混成状態の硫黄原子はp軌道を持っており、その中に2個の電子を入れています。つまり、電子的に二重結合と同じ働きをするのです。しかも結合の手の数は2本なので水素と結合する必要がありません。

ということで合成されたのがテトラチアフルバレンTTFでした。計画の通り、TTFは電子供与体として優れた性質を持つことが分かりました。一方電子受容体としては電子を受け取る性質の強い置換基、ニトリル基CNを4個持ったベンゼン環化合物であるテトラシアノキノジメタンTCNQが選ばれました。

パイエルス転移

TTFとTCNQを混ぜて結晶化させたところ、首尾よく分離積層型の結晶を作ってくれました。この結晶に電極を付け、電流を流しながら温度を下げました。温度低下と共に伝導度は順調に上昇しました。ところが、そろそろ超伝導状態になるかな？という53ケルビン（絶対温度53度、−220 ℃）で突如伝導度が急降下したのです。有機超伝導体失敗です。

この現象をパイエルス転移と呼びます。これは図8-9に示したように、電流が積み重なった分子に沿って一方向に流れる、つまり電流が一次元方向にしか流れない導体に必ず起こる現象だったのです。

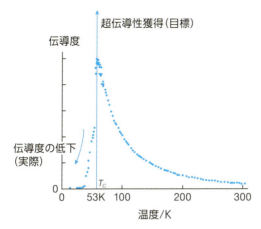

図8-11 ▶分離積層型結晶の伝導度と温度の関係

次元性の改良

　この現象を回避するためには電流が一次元方向だけでなく、多方向に流れるように分子設計しなくてはなりません。これを次元性の改良といいます。そのためには分子を大きくして硫黄のようなヘテロ原子[*3]を沢山入れ、分子間で硫黄原子を接触させるようにすることが一法です。これをヘテロ原子コンタクトといいます。この結果開発されたのがBEDT-TTFです。図のように硫黄原子間で相互作用があり、電流が流れます。同様に電子受容体としてBTDAなどが開発されました

　このような考察、分子設計、合成の結果、有機超伝導体は完成に漕ぎ着いたのです。現在では多くの種類の有機超伝導体が開発されています。有機超伝導体の中にはフラーレンFlと金属原子を組み合わせた物もあり、良好（高い臨界温度）な成績を示しています。

[*3]　有機化学ではC、H以外の原子をヘテロ原子と呼ぶことがあります。

第8章 ベンゼン環化学のこれから

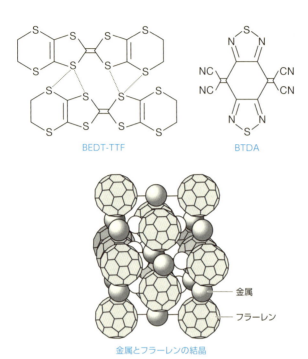

図8-12 ▶ 有機超電導物質

5 一分子機械

　化学は分子の性質や挙動を研究する学問です。長い間、分子は独立して挙動するものと考えられてきました。しかし近年、分子は何種類、何個もの物が集まって集団で挙動することがあることがわかってきました。2個の長いDNA分子が寄り合わさってDNAの二重らせん構造をとるのは典型的な例です。このような何個もの分子が集まってできた構造体を、分子を超えた分子と意味で<u>超分子</u>と言います。DNAのように、超分子は生体で大活躍しています。

　近年、この超分子を使って機械、つまり1個の超分子で機械的な働きをする物を作ろうとの試みが盛んになってきました。その結果、2016年にノーベル化学賞が分子マシンを研究した3人の化学者すなわち、フランスの<u>J.ソバージュ</u>、イギリスの<u>J.F.ストーダート</u>、オランダの<u>B.フェリンガ</u>教授たちに授与されました。

パラボラアンテナ：デンドリマー

　パラボラアンテナは広い傘のようなアンテナに掛かった情報を傘の中心に集約し、そこから情報やエネルギーを集めるシステムです。逆に使えば、中央の情報あるいはエネルギーを広い範囲に拡散することができます。

　デンドリマー、ギリシア語で"樹"を意味する言葉ですが、そうした名

前を持つ物質がこのようなシステムに相当します。デンドリマーは正確に言えば一個の巨大分子であり、高分子に相当する物なのですが、慣例的に超分子として扱われることが多いようです。

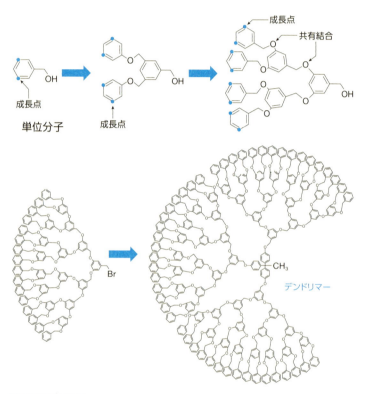

図8-13 ▶ デンドリマー

デンドリマーの構造は図のように、まるで大きな樹木が四方八方に枝をひろげたような形をしています。非常に規則的で同時に複雑なようですが、良く見れば普通の高分子と同じようにただ一種の単位分子から

できていることが分かります。先にフェノール樹脂の項で見たように、ベンゼン環に反応部位が3個あることから、構造が一直線状ではなく、扇状に拡散していったのです。デンドリマーは分子機械の部品としても使われます。

分子の湯船：シクロファン

何個かのベンゼン環をCH_2-CH_2の鎖で環状につないだ分子を一般にシクロファンといいます。シクロファンではベンゼン環が同一平面上に乗った平面構造をとると、ベンゼン環が互いにぶつかって不安定になるので、ベンゼン環は全体の環平面に対して垂直になる、風呂桶（バスタブ）のような立体構造をとります。

図8-14 ▶ シクロファン

一般にベンゼンのような平面な分子は、他の有機分子との間にファンデルワールス力という引力が働きます。この引力のために有機分子はまるでお風呂に浸かるような雰囲気でシクロファンのタブの中に入り込みます。この状態はシクロファンと有機分子が引力で結合した構造体に

相当するので、超分子状態ということになります。

この状態の分子は、分子構造の特定の部分だけを風呂桶の外に出すことになります。この分子に試薬を反応させたらどうなるでしょう？風呂桶の外に出た部分だけを優先的に攻撃することになります。つまり、分子の特定の部分だけに選択的に反応を行わせることができることになります。

金属を捕まえる分子トング

図8-15の分子は2個のベンゼン環がN＝N結合で連結した、先に見たアゾ染料型の化合物に、数個の－OCH$_2$CH$_2$－ユニットからできた環状エーテルが結合したものです。この環状エーテル部分は立体構造が王冠（クラウン）に似ているのでクラウンエーテルと呼ばれます。

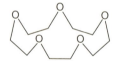

図8-15 ▶ クラウンエーテル

この分子は一般に分子トングと言われます。トングと言うのはパン屋さんでパンを買う時に使う巨大ピンセットのような道具です。この分子は普段はN＝N結合の反対側にベンゼン環が結合したトランス型ですが、紫外線を照射するとN＝N結合の同じ側にベンゼン環のあるシス型に変化し、また加熱するとトランス型に戻ります。

シス型の状態の時に適当な金属イオンM$^+$が来ると、M$^+$と酸素Oの

間の静電引力によってM$^+$はトングに捕まってしまいます。しかし加熱するとトランス型になってトングが開くのでM$^+$は解放されます。この反応を利用すると、溶液からM$^+$を取り出すことができます。更にエーテル環の大きさ(内部直径)を調節すれば目的の(大きさの)金属イオンだけを選択的に取り出すことができます。溶液中に解放されたM$^+$に適当な沈殿試薬を加えれば、M$^+$は試薬と反応して沈殿として析出します。すなわち分子トングは何回もM$^+$を捕えることができるのです。

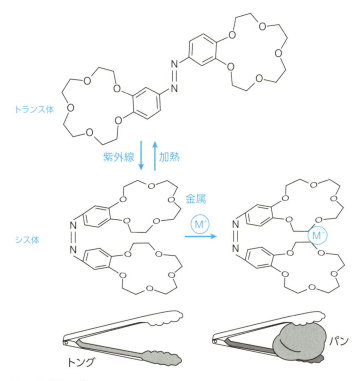

図8-16 ▶ 分子トング

分子ジャイロスコープ

ジャイロスコープと言うのは三次元で動くことのできる枠内にコマを回したもので、コマの軸は常に一定方向を向くことから、船や人工衛星などの方向指示に使う装置です。子供の頃に遊んだ地球ゴマです。

図の分子は**分子ジャイロスコープ**と言われるものです。環状の枠の中にベンゼン環が結合しており、ベンゼンを固定する結合が一重結合と三重結合だけですから、ベンゼン環は自由に回転できます。ベンゼン環は分子が置かれた環境の温度に従って回転速度を変化させます。これは正しく地球ゴマと言うに相応しい分子でしょう。

この分子はベンゼン環の回転をストップさせるストッパーを持っています。枠の左上についているN=N基に結合したベンゼン環です。分子トングの項で見たように、N=N結合は光や熱でシス・トランス変換を起こします。この分子ではシス状態ではストッパーはベンゼン環の回転を阻害しませんが、加熱されてトランス状態になるとベンゼン環同士の衝突が起こり、回転は中止されます。

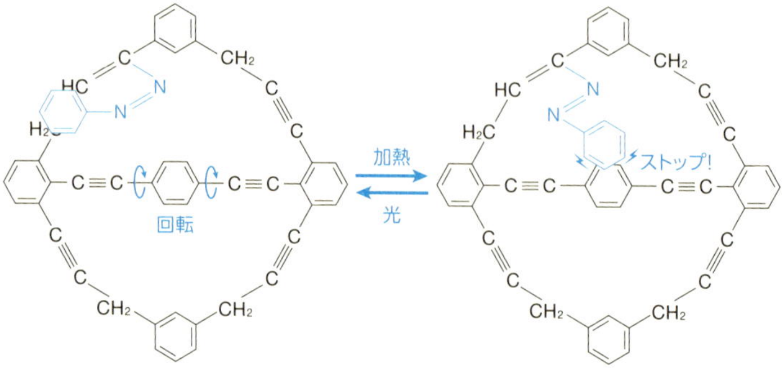

図8-17 ▶ 分子のジャイロスコープ

一定方向に進む分子四輪車

図の分子は「分子自動車」と呼ばれることもある分子ですが、残念ながら動力はついていません。しかし車輪が4個ついた自動車のシャーシーのような分子ということはできるでしょう。問題は車輪です、フラーレンがついています。フラーレンを一重結合で固定したら、まさしく車輪のように回転するでしょう。

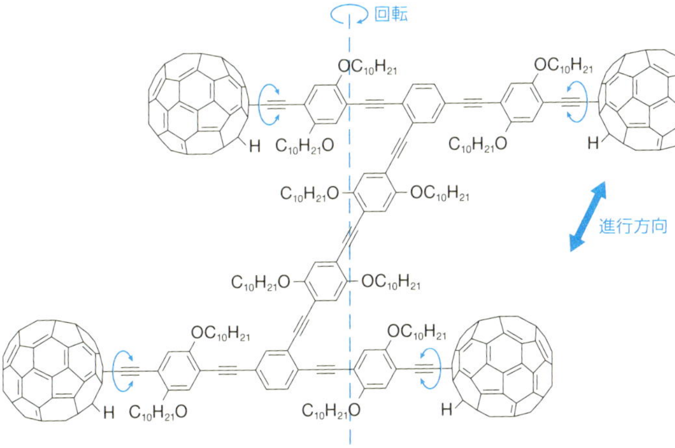

図8-18 ▶ 分子四輪車

この分子を金の結晶の上に置いた時に、この分子が動く様子を電子顕微鏡で観察しました。金を用いるのは金の反応性が低く、分子自動車と結合するなどの影響を及ぼさないからです。その結果、この分子は2種類の運動しかしないことが明らかになりました。分子の重心を中心とした回転運動と、分子の短軸方向への直線運動です。

これは、分子の移動がフラーレンの回転によってのみ起こっていることを示します。つまり、金結晶の表面を斜めに滑るような移動は起こらないのです。

一分子自動車レース

本文でご紹介した自動車は動力の無い、自分で走ることのできない一分子自動車でしたが、自力で走る一分子自動車も、何種類も開発されています。

2017年4月、このような一分子自動車による国際レースがフランスのトゥールーズで開かれました。フランス、スイス、アメリカ、日本、ドイツ、オーストリアから6台が参加しました。優勝はアメリカ・オーストリアの合同チームで、36時間の間に1000 nm進みました。2位はスイスで133 nmでした。日本は残念ながらトラブルが起きて途中棄権となりました。

参考文献

齋藤勝裕	超分子化学の基礎	化学同人 (2001)
齋藤勝裕	絶対わかる有機化学	講談社 (2003)
齋藤勝裕	絶対わかる量子化学	講談社 (2004)
齋藤勝裕	絶対わかる有機化学の基礎知識	講談社 (2005)
齋藤勝裕、山下啓司	絶対わかる高分子化学	講談社 (2005)
齋藤勝裕	分子軌道論	化学同人 (2007)
齋藤勝裕	化学結合論	化学同人 (2009)
齋藤勝裕	有機化学がわかる	技術評論社 (2009)
齋藤勝裕	入門超分子化学	技術評論社 (2011)
齋藤勝裕	分子集合体の科学	C&R研究所 (2017)
齋藤勝裕	分子マシン驚異の世界	C&R研究所 (2017)

索引

● ア行

アセチルサリチル酸	109
アニオン	66
アントラセン	12, 78, 108
アンドレ・ガイム	147
異性体	10
一分子機械	181
エネルギー	30
エンジニアリングプラスチック（エンプラ）	137
オルト・パラ配向性	92
オルト位	92

● カ行

カーボンナノチューブ	154
核磁気共鳴スペクトル	80
化合物	24
可視光線	70
カチオン	66
基底状態	71
軌道対称性の理論	73
キノリン骨格	111
求核置換反応	88
求電子置換反応	88
鏡像異性体	119
共役二重結合	46
局在π結合	48
クラウンエーテル	184
グラスファイバー	153
グラファイト	145
グラフェン	147
蛍光染料	125
ケクレ	16
結合エネルギー	50
結合性軌道	52
結合電子(雲)	39
原子	8
原子核	26
原子軌道	32
原子番号	27
光学異性体	119
交互積層型	176

光速	70
高分子	131
黒鉛	145
コンスタンチン・ノボセロフ	147
混成軌道	35

● サ行

最高被占軌道	72
最低空軌道	72
サリチル酸	109
サルファ剤	111
ジアゾカップリング	100
ジアニオン	66
紫外可視吸収スペクトル	70
紫外線	71
ジカチオン	67
色素	122
σ結合	40
シクロファン	183
シス型	44
質量数	26
シュタウディンガー	131
昇華	74
白川英樹	163
振動数	70
鈴木章	102
赤外線	71
赤外線吸収スペクトル	79
石炭	128
染料	123

● タ行

ダイオキシン	115
ダイヤモンド	144
太陽電池	166
単結晶X線解析	83
炭素繊維	150
単体	24
タンパク質	17
置換基	12
致死量	21
中性子	26
超分子	132
低分子	131
電荷移動錯体	176
電子	26
電子殻	29
電子吸引基	94

電子供与基	94
電子供与体	176
電子構造	29
電子受容体	176
電子遷移	57,71
電子配置	33
伝導度	175
デンドリマー	182
電波	71
同位体	28
導電性高分子	163
ドーピング	164
ドーマク	110
毒性	20
トランス型	44
トリニトロトルエン	19,120

● ナ行

ナフタレン	12,107
根岸英一	102
熱可塑性高分子	139
熱硬化性高分子	139
野依良治	119

● ハ行

π 結合	41
パイエルス転移	178
爆薬	120
波数	79
波長	70
パラ位	92
ハロルド・クロトー	157
反結合性軌道	52
非局在 π 結合	48
非結合性軌道	63
ヒュッケルの($4n+2\pi$)則	67
フェナントレン	12,108
福井謙一	73
複合素材	153
不対電子	64
フミン酸	129
フラーレン	157
フリーデル・クラフツ反応	90
フロンティア軌道理論	73
分子	8,24
分子軌道法	54
分子自動車	187
分子ジャイロスコープ	186

分離積層型	176
ベンザイン	97
ベンゼン	8,46,60
芳香族化合物	9,66
ポリエチレン	132
ホルムアルデヒド	142

● マ行

ミュラー	114
無機物	8
メタ位	92
メタ配向性	92

● ヤ行

有機EL	171
有機金属化合物	104
有機太陽電池	169
有機物	8
陽子	26

● ラ行

ラジカル電子	64
リチャード・スモーリー	157
リドカイン	112
量子化学	50
臨界温度	175
励起状態	71
ロバート・カール	157

● 欧文

B．フェリンガ	181
DDT	114
IRスペクトル	79
J.F.ストダート	181
J.ソバージュ	181
LD_{50}	20
NMRスペクトル	80
n型太陽電池	167
PCB	115
p型太陽電池	167
R.B.ウッドワード	73
R.ホフマン	73
sp混成軌道	38
sp^2混成軌道	36
sp^3混成軌道	35
X線	71

■ **執筆者略歴**

齋藤　勝裕（さいとう　かつひろ）

1945年新潟県生まれ。東北大学理学部卒。東北大学大学院理学研究科博士課程修了。名古屋工業大学大学院工学研究科教授を経て、現在は名古屋工業大学名誉教授。理学博士。専門分野は有機化学、物理化学、光化学、超分子化学。主な著書に『気になる化学の基礎知識』『入門！超分子化学』『毒の事件簿』(以上、技術評論社)、『光と色彩の科学』(講談社)、『数学いらずの化学シリーズ』(化学同人)、『料理の科学』、『汚れの科学』(以上、ソフトバンククリエイティブ)ほか多数。

● 装丁
　中村友和（ROVARIS）
● 本文デザイン、DTP、イラスト
　株式会社トップスタジオ

ベンゼン環の化学
―身近な化学からノーベル賞まで―

2019年　2月28日　初版　第1刷発行

著　者	齋藤勝裕
発行者	片岡　巖
発行所	株式会社技術評論社
	東京都新宿区市谷左内町21-13
	電話　03-3513-6150　販売促進部
	03-3267-2270　書籍編集部
印刷／製本	株式会社加藤文明社

定価はカバーに表示してあります。

本書の一部または全部を著作権法の定める範囲を超え、無断で複写、複製、転載あるいはファイルに落とすことを禁じます。

©2019 齋藤勝裕

造本には細心の注意を払っておりますが、万一、乱丁（ページの乱れ）や落丁（ページの抜け）がございましたら、小社販売促進部までお送りください。送料小社負担にてお取り替えいたします。

ISBN978-4-297-10444-3　C3043
Printed in Japan